U0190228

"十四五"国家重点出版物出版规划重大工程

量子科学出版工程（第四辑）

Quanta and Mind

Essays on the Connection
between Quantum Mechanics
and Consciousness

（美）J. 阿卡西奥·德巴罗斯
（美）卡洛斯·蒙特马约尔　主编

刘　燊　译

量子与心智

联系量子力学与意识的尝试

中国科学技术大学出版社

安徽省版权局著作权合同登记号：第 12212008 号

First published in English under the title

Quanta and Mind：Essays on the Connection between Quantum Mechanics and Consciousness
edited by J. Acacio de Barros and Carlos Montemayor
Copyright © Springer Nature Switzerland AG, 2019
This Chinese edition has been translated and published under licence from Springer Nature Switzerland AG.
© Springer Nature Switzerland AG & University of Science and Technology of China Press 2021
This book is in copyright. No reproduction of any part may take place without the written permission
of Springer Nature Switzerland AG and University of Science and Technology of China Press.
This edition is for sale in the People's Republic of China（excluding Hong Kong SAR，Macao SAR and
Taiwan Province）only.
此版本仅限在中华人民共和国境内(不包括香港、澳门特别行政区及台湾地区)销售。

图书在版编目(CIP)数据

量子与心智：联系量子力学与意识的尝试/(美)J. 阿卡西奥・德巴罗斯(J. Acacio de
Barros)，(美)卡洛斯・蒙特马约尔(Carlos Montemayor)主编；刘燊译. —合肥：中国科学
技术大学出版社，2021.9(2023.2 重印)
(量子科学出版工程. 第四辑)
"十四五"国家重点出版物出版规划重大工程
书名原文：Quanta and Mind：Essays on the Connection between Quantum Mechanics
and Consciousness
ISBN 978-7-312-05323-8

Ⅰ. 量…　Ⅱ. ①J… ②卡… ③刘…　Ⅲ. 量子力学　Ⅳ. O413.1

中国版本图书馆 CIP 数据核字(2021)第 199622 号

量子与心智：联系量子力学与意识的尝试
LIANGZI YU XINZHI：LIANXI LIANGZI LIXUE YU YISHI DE CHANGSHI

出版	中国科学技术大学出版社
	安徽省合肥市金寨路 96 号，230026
	http：//press.ustc.edu.cn
	https：//zgkxjsdxcbs.tmall.com
印刷	合肥华苑印刷包装有限公司
发行	中国科学技术大学出版社
经销	全国新华书店
开本	787 mm×1092 mm　1/16
印张	17.5
字数	373 千
版次	2021 年 9 月第 1 版
印次	2023 年 2 月第 2 次印刷
定价	88.00 元

内 容 简 介

　　本书主要侧重于论述和解释与量子力学有关的意识和心智的内容。在本书中，多位国际知名学者详细论述了量子力学与意识之间可能存在的关联，包括意识对量子力学的促进作用，以及量子力学对认识和诠释意识的价值。例如，量子力学中关于测量难题的各种不同的解释会告诉我们关于意识本质的一些内容，冯·诺依曼（von Neumann）的解释便是其中之一。每种解释或者其他相关的学说都能找到一个对应的形而上学的理论框架，这有助于我们更好地思考各种关于意识可能的"模型"。另外，在测量过程中，对于观察者的角色和时间可逆性，意识的本质也揭示了一些有价值的信息。

　　本书汇集了 20 篇当代有关量子与心智研究路径的文章，汇集了不同的学科背景、对二者关系持有不同观点的知名学者的研究成果，既包括支持量子力学与意识之间存在关联的论述，也包括反对这一立场的讨论。本书涉及多个话题，包括量子世界中的自由意志、互文性与因果关系、心智与物质的交互作用、量子泛心论、量子与类量子大脑，以及时间在大脑-心智动态机制中的作用等。

中文版序一

　　与刘燊初识是在 2019 年 10 月到南京参加第二届东南大学实验哲学工作坊期间，当时他尚在我的本科母校中国科学技术大学攻读哲学博士学位。由于时间关系，那次我仅在"中国实验哲学的现状和未来发展方略"圆桌会议环节，通过他的发言了解到他对于实验哲学研究方法以及他本人面临的从心理学向哲学"转型"所遇挑战的看法。不久后我回母校参加《自然辩证法通讯》第五届编辑委员会第一次会议，有机会与他深入交流，对他有了进一步的了解。刘燊对于学术研究的兴趣和热情、多学科的宽阔视野、扎实的文献阅读能力、成熟的写作技巧，均给我留下了深刻的印象。他主要从事认知科学哲学和认知神经科学的交叉学科研究，始终坚持以问题为中心，开展哲学、心理学与神经科学的跨学科思考，并已取得了令人称道的成绩。我多年来关注的领域也涉及认知心理学和认知神经科学等学科，因此对刘燊开展的研究工作也颇感兴趣。

　　从那以后，刘燊多次围绕认知科学哲学相关议题与我讨论，也屡次就哲学类科研项目申报书撰写听取我的意见和建议。我能理解他在哲学与心理学两种不同的学科范式间切换所经历的挫折和困难，所幸的是，我从他的身上看到了青年学者为了补齐短板、夯实基础所付出的努力。翻译《量子与心智：联系量子力学与意识的尝试》这本书便是刘燊近期的成果之一，我惊叹于他能在短时间内了解诸多量子研究领域生僻的概念以及心智哲学领域晦涩的理论，将这样一本关于量子认知哲学的文集翻译出来。

众所周知，以中国科学技术大学潘建伟院士为主要代表的量子科学团队引领着当前国际量子研究领域的方向，潘建伟院士目前也兼任中国科学技术大学科技哲学系主任，植根于这样一片沃土开展量子认知哲学研究可谓是得天独厚。《量子与心智：联系量子力学与意识的尝试》这本书主要包含量子影响意识、心智影响量子以及量子与意识影响世界观这三大篇章，涉及量子世界中的自由意志、量子泛心论、量子与类量子大脑等量子科学与哲学领域最前沿的议题。通过这本书，量子科学家能够就他们熟悉的量子议题发掘潜在的哲学意义，而哲学家也能够借助最前沿的量子科学进展进一步拓宽哲学的探讨范围。将这部反映量子科学与哲学互动交融最新进展的作品及时翻译为中文出版，对于促进国内量子科学界与哲学界的对话交流将起到积极的作用。

我衷心期待刘燊能够以此为基础，百尺竿头，更进一步，更好地实现在国内外学术舞台上一展身手的目标。同时，我也祝愿母校科技哲学系以及国内量子认知哲学研究的发展前景一片光明。

教育部"长江学者奖励计划"特聘教授(2008 年入选)

厦门大学人文学院院长、哲学系教授、博士生导师

中文版序二

　　在我 30 多年的学术生涯中,我的研究一直围绕认知科学这个大方向以及心智、意识等具体的领域。认知科学的分支有很多,涉及的内容也很广。当我接触到刘燊博士的这本《量子与心智:联系量子力学与意识的尝试》译著时,仿佛推开了一扇通向全新领域和无数可能性的大门,其中的内容无疑会深刻影响到我未来科学研究工作中对于人类意识问题的思考。中国科学技术大学目前领跑国际量子科学的研究,以潘建伟院士为代表的"量子梦之队"更是国际上量子科学领域的执牛耳者。如果要在国内为量子认知科学寻找一片最合适的萌发土壤,中国科学技术大学确乎是得天独厚之所在。刘燊博士正是在中国科学技术大学接受了哲学博士的训练,又在认知科学领域进行了长期研究,这样完整丰富的背景使他成为这本前沿学术论著十分合适的译者人选。感谢刘燊热情邀请我为《量子与心智:联系量子力学与意识的尝试》这本译著作序,借此机会,我仔细学习了书稿内容。目前,在国内尚无同类量子认知科学书籍的情况下,该译著较为先进的理念涵盖了诸多特色。

　　在该译著收录的 20 篇关于量子与心智当代研究路径的文章中,我们能发现支持量子力学与意识存在关联的证据,也能发现反对这一观点的证据。正是这些思想上的讨论与观点上的碰撞,才使得量子认知科学的研究不断发展和推进。该译著的内容涉及了多个话题,往往是从一个经典的量子问题出发,进而引向对其蕴含的心理学和哲学原理的探寻,如量子世界中的自由意志、量子泛心论等。相信该译著不仅能给从事量子科学研究的工作者提供一些心理学和哲学上的启发,也能为从事心理学和哲学研究的学者补充一些量子研究领域的实证证据。更具体地说,对于心理学研究者,阅读本书可以在以下两方面得到有益的启发:

第一,量子决策模型可能为心理学家对人类决策的理解提供帮助。长期以来,心理学领域关于决策的理论包括古典决策理论和启发式决策理论。古典决策理论依据贝叶斯定理做出推断,并根据期望定理做出决定,但这一过程背后的神经机制是什么呢? 在该译著中,作者详细为我们介绍了决策模块化和类量子的贝叶斯网络,从而为我们更好地将跨学科知识统一为一个更完整的决策模型提供了必要的知识储备。

第二,心理学家可以从量子认知科学的相关讨论中,汲取有关心智、意识、大脑议题的新视角、新洞见。尽管对于上述议题,心理学领域已取得了较为可观的研究发现,但似乎还存在一些尚未解决的问题,如意识究竟是什么、意识和心智的关系是怎样的等。这本译著从量子认知科学的角度回应了上述问题。例如,冯·诺依曼提出的"意识导致坍缩假说",以及迄今为止该假说不断得到的一些实证研究支持,对这些内容的深入思考将鼓励我们从新的角度去理解意识的本质以及意识和心智的关系。

本书译者刘燊是一名非常努力的青年学者,在与之相识的近五年的时间里,我始终能看到他对于科研的长期执着和不懈努力,以及作为这种努力回报的研究成果。在今年6月参加2021年浙江大学"双脑与心理学"全国博士生学术论坛期间,刘燊和我交流了他近期的研究兴趣和研究计划,我从中深切感受到一位新时代青年学者对于梦想的执着信念。我想正是有着这样的信念与情怀,刘燊才会大胆踏入量子认知科学这一前沿领域,又通过持续耕耘最终翻译出《量子与心智:联系量子力学与意识的尝试》这本书。他的工作将给认知科学、神经科学及相关领域的学者提供参考借鉴。因此,我怀着欣喜的心情写下这篇序言,我也同样欣喜地向和我一样在认知科学领域探索的广大学者郑重推荐此书。

教育部"长江学者奖励计划"特聘教授(2014 年入选)

中国心理学会副理事长

浙江大学心理与行为科学系教授、博士生导师

序

正如拉普拉斯(Laplace)等人所言,自牛顿时代起,一幅关于宇宙详细行为的独特绘景已经出现,宇宙的进化时间将由特定的数学方程式精确地决定。鉴于天体和地球的运动似乎符合这些方程式,且精确度极高,因此这幅绘景很可能准确且合理地描述了我们所生活的实际宇宙的详细运行情况。在这一绘景中,有一种观点认为,每个物质实体都由大量特定类型的粒子组成,这些粒子通过特定的力相互作用。尽管构成粒子之间所有不同力的具体形式尚不明确,但并不会影响一种确定的、通过数学控制行为精确表征的整体绘景。

然而,这一绘景往往展现的是与有意识的人类行为和经历之间的尴尬联系。因为它似乎没有留下任何余地来解释我们拥有的印象、对我们身体的运动施加有意识的控制以及在我们身体的直接影响下其他物体随之而来的运动。当然,正如许多人所论证的那样,在这种有意识的控制中,自由的印象(一种有关"自由意志"的概念)可能是某种幻觉,而我们看似自由做出的决定实际上可能是完全被预先决定的,这种认为牛顿定律支配了整个世界行为的观点似乎暗示着这一场景。有些人认为,这种牛顿学说的体系经常是"混乱的",系统对实际初始条件的依赖极为敏感,但这并不影响决定论的议题,所有未来的行为仍然完全由初始条件所决定,也许在遥远的过去就已经被设定好了。

到了 19 世纪中叶,法拉第(Faraday)和麦克斯韦(Maxwell)引入了独立电磁场的概念,这在一定程度上修正了牛顿微粒说。根据牛顿微粒说,必须对一个仅由离散粒子所组成的世界绘景加以修改,并且只需考虑在一个独立的连续空间中存在的自由度。然而,该观点原则上对世界绘景并没有太大影响,因为它只是对个别点状粒子的某些微妙问题进行了适当的梳理。该观点再次强调,人们似乎从初始条件时便有了某种确定性的演化,而其根源可追溯到遥远的过去。爱因斯坦(Einstein)于 20 世纪初引入了狭义相对论的概念,尽管进化时间的概念必须以不同的方式来看待,但这并未对该问题产生太大的影响,他甚至又在 1915 年引入了广义相对论的概念。他假设人们将注意力限制在所谓的整体双曲时空上,其中,整个时空可以被认为是从初始的类空超曲面精确地演化而来的。对宇宙及其全部内容的数学描述被认为是以这种精确的方式所建立起来的,似乎没有任何独立的客观行为空间来呈现这种有意识的影响。但我们可以再次认为,这种"自由意志"的印象只是某种"幻觉",一个人的所有行为都是被预先决定的,意识经验只是一种副现象,即只是"凑热闹",对行为并没有任何实际影响。

然而,随着量子力学的出现,上述情况似乎发生了根本性的变化,主要是因为非决定论的某些重要观点如今已成为量子力学的一部分。但这种非决定论本身以一种非常怪异的方式融入了量子力学,这是非常难懂且颇具争议的。体系仍存在着一场决定性的革命,即量子态的革命,它是由严格按照被清晰定义的薛定谔方程(Schrödinger Equation)演化而来的。在这一点上,关于量子态的本体论状态仍有较多争议。例如,它是真的能表达物理世界的真实性,还是像哥本哈根解释(Copenhagen Interpretation)所暗示的那样,"一切都在实验者的头脑中",仅仅代表了某种关于系统的"最大知识",允许计算出关于即将发生的实验结果的概率? 在实验实际完成后,原则上量子态就被"折叠"成实验所允许的备选方案之一,并且宇宙似乎会"选择"其中一个备选方案,而不是遵循基于决定论的薛定谔演化(Schrödinger Evolution)。

也许与维格纳(Wigner)明确提出的观点一致,这是实验者"有意识地观察"实验结果的某种客观效应,从而挑衅了某种状态的薛定谔演化,还是我们想不惜一切代价保留薛定谔方程,从而使自己屈服于某种埃弗里特式(Everett-type)"多世界"(Many Worlds)的观点? 根据该观点,可能出现的结果的叠加也延伸到了实验者身上,实验者则被认为是相互矛盾经验的叠加,而实验者的意识再以某种方式形成不同的分支,每个分支所经历的只是实验的一个明确定义的结果。

关于意识经验与量子态坍缩之间的关系,似乎可以得到不同的可能性。也许它们彼此之间并没有任何关系,我们必须寻求某种纯粹的物理解释。在这种解释中,薛定谔演化由于与意识经验问题完全无关而被违背。这是一个合理的观点,但本书探讨的是更令人兴奋的可能,即或许存在一些根本的联系。本书的第一部分探讨了量子力学的体系,尽管我认为量子理论的规则本身还需要进行认真的修改,但这对理解意识经验的本质仍具有重要的意义。第二部分探讨的是相反的可能性,意识现象的存在有助于更好地理解如何真正描述量子世界,这与维格纳的观点似乎有共通之处。第三部分探讨的是最令人兴奋的一种可能,即意识现象与量子态坍缩之间可能存在着的某种深刻的联系。这些都是重要且难解的问题,本书为解决这些问题提供了许多独到的见解。

罗杰·彭罗斯(Roger Penrose)

于牛津大学

前言

围绕量子理论解释的争论已经持续了 100 多年,量子力学的创始人和 20 世纪的领军物理学家之间曾进行过多次激烈的对话。尽管在不可行原理和实验方面取得了一些进展,但争论的状态仍然白热化,尚未达成明确的共识,甚至没有哪一方赢得了绝大多数人的支持(Schlosshauer et al. ,2013)。考虑到这些是与物理学基础理论截然不同的研究路径,因此还需要更多的解释。此外,现有的解释给我们留下了一个艰难的选择:要么认为量子理论仅仅停留在认识论层面,要么接受狂热的本体论前提。如果量子力学解释朝着更加多样而不是更加统一的方向发展,那么人们便会产生合理的担忧,即辩论正在倒退而非在进步。

大致说来,主要有两条关于解释的路径:一方面,最著名的支持者是玻尔(Bohr),主张认识论的解释,如量子贝叶斯理论(Quantum Bayesianism,简称QBism)(Fuchs et al. ,2014)、哥本哈根解释(Jaeger,2009)或模态解释(Modal Interpretation)(van Fraassen,1991)。按照认识论的观点,量子理论没有告诉我们关于世界的任何信息,只是告诉我们世界能给出哪些解释。而另一方面,与爱因斯坦的主张更为一致,学者们主张本体论的解释,如多世界(Everett,1957;de Witt,1970)、意识导致坍缩(Consciousness Causes Collapse)(Stapp,1999)或玻姆的导波

(Bohm's Pilot-Wave)(Bohm,1952;Holland,1995)。这些解释试图让我们理解,量子理论告诉我们世界究竟是什么。

此外,物理学家对量子理论的解释缺乏共识的主要原因很可能是他们面临着非常艰难的选择。一方面,选择"放弃"物理学是一种理解自然、揭示世界是由什么构成的想法。根据认识论的观点,我们将屈服于永远无法理解微观世界。另一方面,现有的存在论解释也导致了许多形而上学难题的出现。例如,在量子系统与测量仪器的每次交互中,世界分裂成多个(也许是无限的)世界的想法在一些人看来似乎很不合理。出于其超光速的可能,相对流行的导波解释(Pilot-Wave Interpretation)受到因果关系解释的限制,这似乎表明现实世界不是 $3+1$ 维,而是无限维的。类似地,几乎笛卡儿式的双重心智/物质本体论(Cartesian Dual-Mind/Matter Ontology)的可能性让其他物理学家产生了畏难心理。

因此,也许取得进展的方法之一是仔细确认量子力学(Quantum Mechanics,简称QM)解释的承诺,其中一项承诺与观察者的角色有关,被认为是量子力学的哥本哈根解释(Copenhagen Interpretation of QM)。该解释被多位非量子理论背景的物理学家所支持,主张将观察者置于理论的中心位置,尤其是关于观察者的测量方面。所以,本书的一个重要目标是使量子力学中涉及观察和测量的主题尽可能清晰,并且尽可能保持中立。

有关现象意识本质的争论持续了近30年。在关于现象意识的辩论出现之前,量子力学的一些解释认为,意识从根本上与量子力学定律的系统阐述有关。支配量子力学的定律正是意识,需要意识来解释测量如何会对确定的结果产生不可逆转的影响。但直到最近我们才从更精确的意识定义中获益,如通达意识与现象意识之间的区别,量子力学的传统解释可能需要对意识进行重新解释和澄清。这是本书的另一个中心主题,重点在于实验手段的类型上,这对量子与心智的某些解释可能很有必要。

因此,我们按如下形式来呈现这本书。在第一部分,我们收录了从量子理论及其解释中得出的关于心智与心智-物质交互作用的文章;在第二部分,我们探讨了观察者的心智与意识的不同概念,涉及它们如何帮助我们理解量子理论与观察者的角色;最后,在第三部分,我们汇集了一些探讨量子理论与意识理论如何影响我们对物理的或形而上学的世界看法的文章。

与一些对量子力学的可能解释的论著不同,本书并未强调量子的诡异或奇怪之处，或刻意设置一个巨大的意识谜团，或将量子与意识进行神秘结合以增加量子的神秘性。显然，能发现这些问题的症结所在是绝对有价值的，但现有的工作已经相当成功地实现了这一目标。相比之下，本书的重点在于为当前对量子与心智的理解提供一个中立且跨学科的视角，为有关现象意识本质的争论提供更为清晰的思路，而不是为了支持怀疑主义或某种特定的解释。

不同于许多关于量子与心智的当代研究路径，本书的主要目标不只是提供一个单一的视角，而是最终将量子与现象联系起来。更确切地说，本书的主要目标是通过多种方法为关于量子与心智多学科的讨论提供建设性的参与路径。这其中清晰的问题不仅关系应该如何定义像意识与心智这样的术语，还关系如何改进我们对量子力学解释中一些关键主张(尤其是关于测量难题)的理解。

本书源于我们在2018年4月组织的量子与心智国际会议(International Conference on Quanta and Mind)。该会议吸引了来自不同研究领域如物理学、神经科学和哲学，以及不同地区的研究人员。我们要感谢学术委员会的成员：哈拉尔德·阿特曼斯帕彻(Harald Atmanspacher)教授、帕沃·皮尔卡宁(Paavo Pylkkanen)教授和保罗·斯科科夫斯基(Paul Skokowski)教授。如果没有他们，会议无法成功举办，本书也不会诞生。我们还要感谢所有的与会者，他们通过提问和评论完善了文中的观点。然而，并非所有的作者都能来旧金山参会，我们对他们的贡献表示感谢。最后，我们要感谢Synthese Library的编辑奥塔维尔·布埃诺(Otaúvio Bueno)，感谢他对本书提出的意见和支持。

J.阿卡西奥·德巴罗斯(J. Acacio de Barros)
卡洛斯·蒙特马约尔(Carlos Montemayor)
于美国加利福尼亚州旧金山市
2019年1月29日

参 考 文 献

BOHM D，1952. A suggested interpretation of the quantum theory in terms of "hidden" variables. I [J]. Physical Review，85(2)：166-179.

DE WITT B，1970. Quantum mechanics and reality[J]. Physics Today，23(9)：30-35.

EVERETT H，1957. "Relative State" formulation of quantum mechanics[J]. Reviews of Modern Physics，29(3)：454-462.

FUCHS C A，MERMIN N D，SCHACK R，2014. An introduction to QBism with an application to the locality of quantum mechanics[J]. American Journal of Physics，82(8)：749-754.

HOLLAND P R，1995. The quantum theory of motion：An account of the de Broglie-Bohm causal interpretation of quantum mechanics[M]. Cambridge：Cambridge University Press.

JAEGER G，2009. Entanglement，information，and the interpretation of quantum mechanics [M]. Berlin：Springer.

SCHLOSSHAUER M，KOFLER J，ZEILINGER A，2013. A snapshot of foundational attitudes toward quantum mechanics[J]. Studies in History and Philosophy of Science：Part B，Studies in History and Philosophy of Modern Physics，44(3)：222-230.

STAPP H P，1999. Attention，intention，and will in quantum physics[J]. Journal of Consciousness Studies，6(8-9)：143-164.

VAN FRAASSEN B C，1991. Quantum mechanics：An empiricist view[M]. Oxford：Oxford University Press.

目录

第一部分 量子影响心智

第1章
量子世界里有自由意志吗？ —— 003

第 13 章

泛心论与量子力学：解释性挑战 —— 146

第 14 章

量子理论与心智在因果秩序中的位置 —— 157

第 15 章

内省与叠加 —— 166

第三部分　量子与心智影响世界观

第16章

绝对存在、禅与薛定谔的唯一心智 —— 181

第17章

语义鸿沟与原型语义学 —— 193

第18章

量子宇宙中的观察者与信息获取 —— 213

第一部分

量子影响心智

第1章

量子世界里有自由意志吗？

瓦利亚·阿洛里（Valia Allori）[①]

1.1　引　　言

　　有关自由意志的辩论是与物理学的发展紧密相连的。牛顿力学（Newtonian Mechanics）、原型决定论（Prototypical Deterministic Theory）[②]与自由意志长期处于紧张的状态：自然定律控制着我们，就像木偶大师控制着木偶那样。有些人诉诸量子力学的不

[①]　瓦利亚·阿洛里是美国北伊利诺伊大学哲学系教授，她拥有物理学和哲学的双博士学位，研究兴趣集中于物理学哲学、科学哲学与形而上学。

[②]　有人质疑牛顿力学在较大程度上是属于决定论的（Earman，1986；Norton，2008）。然而，为了不影响本章的目的，我们可以忽略这些细枝末节，主要关注量子力学。

确定性,但自由意志不同于随机性,因此它与非决定论(Indeterminism)是不相容的①。然而,约翰·康威(John Conway)和西蒙·科亨(Simon Kochen)已经证实了自由意志定理(Free Will Theorem),认为量子力学无论是决定论的还是随机的,连同相对论(Relativity Theory)一起,不仅与自由意志是相容的,而且在某种意义上也需要它②(Conway,Kochen,2006,2009)。

自由意志定理获得了物理学界和其他领域广大学者的较多关注③,即使康威和科亨诚邀哲学家们关注他们的结果④,但在哲学界却未引发讨论。其他人之前也曾尝试过类似的工作,即将自由意志与量子力学联系起来⑤,并获得了一些回应⑥。然而,这次的结果看起来就不怎么经得起推敲了:一个定理,如果听起来合理,就已经比自由论的自由意志存在更令人信服。此外,如果自由意志定理是合理的,就可以直接遵循量子体系(Quantum Formalism)和相对论(Relativity Theory),无须再做进一步的推测。严格来说,它似乎比亨利·斯塔普(Henry Stapp)的自由意志理论有着更为广泛的含义。例如,自由意志理论依赖于对量子力学的一种特殊解释,即心智正在导致波函数的坍缩(Stapp,1993,1995,2017)。无论如何,最终导致哲学家们没有过多地参与到这个结果中的原因有很多。一种可能是考虑到量子力学的一些主张是有争议的,主要还是因为量子力学理论的本质就是有争议的⑦。当然,也可能是因为这篇论文过于专业。即便如此,本章主要是想剖析自由意志定理在假设什么、结论是什么以及它是否为自由意志的辩论提供了一个新的线索。

以下是本章的框架:1.2节提出关于量子力学与相对论涉及粒子自由意志证明的假设和结构。1.3节提出对物理学文献中存在的自由意志定理的反对意见,其中一个假设在根本上是错误的,即MIN。相反,1.4节主要关注自由意志定理对自由意志辩论的影响。首先,我观察到自由意志定理是借助于循环论证(Question Begging)的,因为自由需

---

① 可参见文献(Searle,1984;Strawson,1986;Pinker,1997;Clarke,2003;Balaguer,2004;Kane,1996)。自由意志定理的基本思想是:无论是决定论的还是随机的,规律仍"负责"未来的行动。即使我们是提线木偶,有时线绳随机抖动的情形也改变不了我们无法决定能怎么移动这一事实。

② 康威和科亨论文中更为精确的陈述将在本章的后续部分进行详细阐明。

③ 《新科学家》中也报道了此事(Merali,2006)。

④ 在讨论自由意志与量子力学兼容的一些特征时,他们认为他们的言论"也可能会引起研究自由意志的哲学家的兴趣"(Conway,Kochen,2006)。

⑤ 可参见文献(Kane,1996;Compton,1935;Popper,1972;Nozick,1981;van Inwagen,1983;Penrose,1994;O'Connor,1995;Stapp,1991)。

⑥ 可参见文献(Loewer,2003)。

⑦ 可举例说明这种态度,即使量子非局域性似乎提供了驳斥有关休谟主义随附性的论点,大卫·刘易斯(David Lewis)写道:"如果物理学告诉我这是错的,我不会悲伤……但我还没有准备好从量子物理学的角度来学习本体论。首先,我必须看到它净化了工具主义的轻浮之后的样子,并且敢于展示一些关于指针读数的信息,而且还应涉及世界的构成等信息;此外,当它从超自然的故事中被净化时,可以借助观察来形成新的思路。"(Lewis,1986)

要证据来证实。其次,既往论著的作者甚至没有证明,如果人是自由的,那么粒子也是自由的。此外,如果 1.3 节中的质疑是合理的,那么定理实际上证实定域是错误的,而不是证实意志的自由是正确的(参见 1.4.2 小节)。即使这种批评是不正确的,适用于人的"自由意志"的含义也不一定与适用于粒子的含义相同,一般来说,认为两者意义相同似乎是荒谬的(1.4.3 小节)。最后,我给出康威和科亨的自由状态定理,它在不假设人是自由的情况下概括了自由意志定理。我将证明这个定理存在的问题是,粒子自由的概念要么与康威和科亨提出的假设相矛盾,要么体现了一种随机性,而不涉及自由(1.4.4 小节)。因此,可得出结论:自由意志定理在所有的形态中都是一个很好的数学作品,但它的名字所暗示的远不止它的实际意义。无论是对于我们,还是对于粒子,它都不涉及自由的概念。

1.2　自由意志定理：SPIN、TWIN、FIN、MIN 与 DET

在康威和科亨的证明中考虑了一种特殊的实验情况,并假设很少有被称为 SPIN、TWIN、FIN(即后来的 MIN)与 DET 的公理。该实验涉及一对粒子 a 和 b,其总自旋 1 向相反的方向移动,以及两个实验者 A 和 B,它们可以分别在 a 和 b 的自旋上进行实验①。抛开技术细节不谈,我们可以讨论一组粒子的总自旋,以及每个粒子自旋的不同值取决于我们测量它的方向。两个实验者 A 和 B 各自使用一个磁铁,用来测量沿一个或另一个方向到达它们的粒子的自旋分量。尤其是,实验者 A 可以对 a 进行实验,以确定其沿三个正交方向(x,y,z)的自旋;实验者 B 可以对 b 进行实验,以确定其沿 w 方向的自旋。

1.2.1　公理

量子理论预测,这些实验的可能结果会受到限制,因此只有某些值才能从测量中脱

---

① 　人们不需要对这种说法过于较真,但对于与本次讨论相关的内容,可以想象成一个像旋转磁体这样的粒子,并将它的自旋看作它的磁化强度,这样我们就可以用合适的磁场来测量粒子的自旋。

颖而出,这便是自旋公理(SPIN Axiom):在三个正交方向上测量自旋 1 粒子的自旋平方(分量),总是按一定顺序给出结果 1,0,1(Conway,Kochen,2006)。也就是说,A 在 a 上得到的结果集总是三种组合:1,1,0;1,0,1 或 0,1,1;B 在 b 上得到的结果总是 0 或 1[①]。

此外,量子力学预测,有可能产生成对的"孪生"粒子,它们的自旋特性相互关联。换句话说,它们是纠缠的粒子,这便是孪生公理(TWIN Axiom):对于孪生自旋 1 粒子,假设实验者 A 在三个正交方向(x,y,z)上测量粒子 a 的平方旋转分量,而实验者 B 在一个方向 w 上测量孪生粒子 b,那么如果 w 恰好与(x,y,z),即实验者 B 的测量方向相同,则必然会得到与实验者 A 相同的结果(Conway,Kochen,2009)。即只要 $w = x$(或 y 或 z)时,实验者 B 得到的结果就会与实验者 A 得到的结果的第一位(或第二位、第三位)重合。也就是说,实验者 A 和实验者 B 得到的结果是完全相关的。类似地,SPIN 和 TWIN 也是量子力学体系的结果之一。为了强调这一点,我将在下文中列出 QM = SPIN & TWIN。

该定理的第三个假设并非源自量子力学,而是来自于相对论。由于它涉及光速的有限性,因此该公理被称为"FIN"(取自英文"finite"(有限的)前三个字母),意为:信息可以有效传输的速度存在一个有限的上界(Conway,Kochen,2009)。安吉洛·巴希(Angelo Bassi)、简·卡洛·吉拉尔迪(Gian Carlo Ghirardi)以及罗德里赫·图姆尔喀(Roderich Tumulka)认为,FIN 等价于一个地点条件,即假设一个空间区域的事件不影响与它分离的类似空间区域的事件(Bassi,Ghirardi,2007;Tumulka,2007)。倘若如此,康威和科亨的发现便是贝尔定理的另一个例子,这表明没有任何定域理论能正确地再现预测量子力学的例子[②](Bell,1964)。因此,这些作者认为,基于错误的 FIN 假设的康威和科亨定理是不正确的。对此,康威和科亨重新诠释了自由意志定理,并将其称为"强自由意志定理"(Strong Free Will Theorem)(Conway,Kochen,2009),使用了另一个被称为 MIN 的公理,而不是 FIN:"假设 A 和 B 所进行的实验是类空间的分离[③]。然后 B 能自由地选择方向 w 中的任何一个,而 a 的反应与这种选择无关。类似且独立来看,A 可以自由选择三元组(x,y,z),而 b 的任何一个回应与该选择无关。"(Conway,Kochen,2009)也就是说,当对两个向相反方向移动的孪生粒子进行实验时,总是需要一个最短的时间以实现信息从一个粒子移动到另一个粒子(因此称为"MIN")。换句话说,MIN 认为,a 的实验

---

① 实际上,SPIN 并不是一个公理,而是一个定理(Kochen,Specker,1967)。因此,如果量子力学是正确的,那么这种自旋测量的结果必然像 SPIN 所说的那样受到限制。

② 即使图姆尔喀、吉拉尔迪和巴希认为 FIN 正是贝尔证明中所要求的地点条件,也有大量的文献讨论了地点的各种概念(Redhead,1989)。此外,关于贝尔定理所证明的发现,目前尚未取得完全一致的结论。

③ 也就是说,两个事件之间的空间距离太大,以至于一个事件发出的光信号无法到达另一个事件,因此该事件也就无法对另一个事件产生影响。

结果与 B 选择在 b 上执行的实验无关，反之亦然。因为 FIN 和 MIN 都是相对论的结果，为了简化概念的表达，下文中将用 R 表示 FIN 或 MIN。

除了 SPIN、TWIN 与 MIN 以外，定理中还有另一个假设，即对其中一个粒子进行的实验结果在功能上取决于先前的状态。也就是说，存在两个函数，即粒子 a 的 Fa 和粒子 b 的 Fb，每个函数都用初始状态来表示结果。这种功能依赖于康威和科亨对决定论的定义，因此假设的名称是"DET"："粒子 a 的回应是其可用信息的函数。"（Conway，Kochen，2006）

1.2.2　强自由意志定理的证据

本小节是我对这个证据的重构。假设 DET：有两个函数 Fa 和 Fb，它们将实验结果与初始状态联系起来，并分别表示在 a 和 b 上的实验结果。由于 MIN 的存在，这些结果如 Fa 并不依赖于实验者 B 在 b 上实际执行的实验。当给定 SPIN 和 TWIN 时，函数 Fa 和 Fb 只能假设为一个特定范围的值，并且这两个特定函数之间的特殊关系成立，称为"101-函数"[①]。康威和科亨提供了一个几何证明：这样的 101-函数在当前的实验环境中不可能存在（Conway，Kochen，2006）。因此，实验结果不可能以与公理 QM（＝SPIN、TWIN）和 R（＝MIN）一致的方式在功能上依赖于先前事件的状态：

条件(1)　（QM & R）& DET → 矛盾

要解决这种矛盾，应拒绝其中一个前提。康威和科亨认为，TWIN 和 SPIN 是量子力学的核心，不应该被拒绝。类似地，MIN 是相对论的结果，也很难否认。因此，他们认为，唯一的选择是拒绝 DET。康威和科亨还认为，否认 DET 就等同于界定粒子是自由的。也就是说，在定义 FW_particles＝～DET 的明显符号时，我们有决定论的"强自由意志定理"（简称 sFWTd）：

（sFWTd）　（QM & R）→ FW_particles

用他们的话来说就是："SPIN、TWIN 与 MIN 公理均意味着自旋 1 粒子对三重实验的回应是自由的，即不是宇宙中早于任何给定惯性系响应的那部分特性的函数。"（Conway，Kochen，2009）

康威和科亨还声称"随机性无济于事"（Conway，Kochen，2006）。事实上，他们提出

---

① 这些函数的具体内容与本章的主旨无关。

了一种将任何随机模型转换为决定性模型的方法："让随机元素成为一个随机数序列，并非所有这些都需要使用两个粒子。尽管这些可能只是根据需要才产生的，但让它们提前提供显然没有什么区别。但在这样一个理论中，粒子的行为实际上是它们可用信息（包括这个随机元素）的函数。"（Conway，Kochen，2006）来自塔隆·梅隆（Tarun Menon）的类比有助于理解这一提议：假设你和你的朋友想玩掷骰子游戏，你在游戏开始前掷完了所有的骰子，写下了所有的结果，然后用这个固定的结果去玩这个游戏（Menon，2010）。康威和科亨声称，我们仍然会有相同种类的函数依赖（在下面的方程中用 DET 表示），造成了上面提到的矛盾（假设在随机确定性转换中保留了 TWIN、SPIN 与 MIN）：

条件（2）　（QM & R）& DET → 矛盾

因此，有关强自由意志定理的普通版本对随机理论也有效，如：

（sFWTd & i）　（QM & R）→ FW_particles

也就是说，粒子是自由的，这是量子力学和相对论得出的结果。如果该定理真的证明了这一点，那对于自由论者而言便会是个极好的消息：不仅没有人能说他们的观点与物理学相悖，而且还有数学证据来佐证他们是正确的。然而，我会在 1.4 节论证，这样完美的事情不可能是真的。在此之前，我在 1.3 节讨论了该定理在已有研究中受到的其他批判。

1.3　批判 1：对量子力学解释的限制

康威和科亨认为，他们的定理是对量子力学的决定性完成和构造相对论不变的随机量子理论可能性的"不可能证明"。量子力学面临着测量难题：如果量子力学只是一个基于薛定谔演化的波函数的理论，那么就会出现非物理的"宏观叠加"，即宏观上不同状态的叠加（像"既死又活"的猫）。目前已有一些理论用以解决该难题，其中一些是决定性的，如导波理论（de Broglie，1928；Bohm，1952）；其他一些则是随机的，如自发定域理论（Ghirardi et al.，1986）。前者回避了宏观叠加假设，即任何物理系统的完整描述均由波函数给出，粒子的位置也由演化所决定；相反，自发局域性理论则假设波函数是随机演化的，使得宏观叠加迅速消失。

康威和科亨认为他们的定理排除了这些理论。由于他们声称条件（1）意味着决定论是错误的,所以他们得出结论:量子力学的决定论是不可能完成的。此外,从条件(2)中得出结论:这样构造的量子力学的任何随机完成都不能使相对论不变,因为它们会通过违反 MIN 从而违反相对论。

1.3.1　决定论中的 MIN

有几位作者批判了上述观点。戈尔茨坦(Goldstein)等人认为,MIN 与 FIN 一样,等同于一种定域条件 LOC,它要求 a 的实验结果的概率分布与 b. LOC 的结果分布无关 (Goldstein,Tausk et al.,2011)。按照他们的观点,存在两个条件:参数独立性(Parameter Independence,简称 PI)和结果独立性(Outcome Independence,简称 OI)。PI 是 a 的实验结果,与实验者 B 在 b 上进行的实验所选择的参数无关;OI 是 a 的结果,与 b 的结果无关。对于决定论,由于只有一种结果,OI 是简单真实的,因此 LOC 可简化为 PI。这是因为,按照他们的观点,在这种情况下 PI = MIN,然后 LOC = MIN。因此,(sFTWd)可读取为

(QM & LOC) & DET → 矛盾

问题在于,根据这些批判者的观点,贝尔定理表明

(BT)　(QM & LOC) → 矛盾

因此(sFTWd)中的矛盾不能像康威和科亨那样通过拒绝 DET 来解决,人们必须拒绝 LOC 或 QM。由此,批判者们得出结论:(sFWTd)应该被认为是贝尔定理中关于非局域性的附加证明。严格来说,它不会对导波理论或量子力学的任何其他决定性完成造成任何特别的威胁[①]。

克里斯坦·维特里希(Christian Wüthrich)也同样声称,如果 DET 是真的,那么其中一只手臂的实验结果将取决于另一只手臂的设置(Wüthrich,2011)。因此,对于任何违反 PI 的决定论,MIN 和(sFWTd)均不适用[②]。

[①]　像导波理论这样的决定性量子理论必须违反参数独立性,这一点早已为人所知,但显然这一事实还没有引起足够的重视。

[②]　应注意,批判者不同意贝尔定理所证明的观点,而文献中则认为它证明了非局域性,即～LOC(Bassi,Ghirardi,2007;Tumulka,2016;Goldstein,Tausk,et al.,2011a;Albert,1992;Maudlin,1994)。其他人则认为它排除了量子力学的局部决定性完成,如～(LOC & DET)(Menon,2010;Wüthrich,2011)。如果是前者,那么贝尔定理便给所有的量子理论提供了一个约束:任何量子理论,无论是决定性的,还是随机性的,都必须否认局域性。相反,如果是后者,贝尔定理则只对决定性量子理论提供约束,而不对随机量子理论提供约束。幸运的是,这一区别与本章的讨论无关。关于贝尔定理与自由意志定理关系的讨论,可参见文献(Cator,Landsman,2014)。

1.3.2　随机理论中的 MIN

考虑到现在的情况（即 sFWTd & i），正如康威和科亨指出的那样，只有当有一种方法将任何随机理论转换为决定论，即将所有的随机性转化为过去时，这个定理才有效（Goldstein，Tausk et al.，2011）。然而，戈尔茨坦等人发现，这种方法会使得 MIN 不正确，从而使 DET 是错误的结论无效（Goldstein，Tausk et al.，2011）。事实上，假设 MIN 简化为 PI，那么康威和科亨提出的转换方法便违反了 PI，因为"如果大自然遵循建议的方法，那么就必须根据两个实验者的选择，即（x，y，z）和 w，通过 $k = k(x, y, z, w)$ 实现任何结果"（Goldstein，Tausk et al.，2011）。因此，按照他们的观点，前述问题（Conway，Kochen，2009）中的矛盾会再次被解决，主要是因为 MIN 是错的，而不是因为 DET 是错的。

戈尔茨坦及其合作者指出，科亨建议 MIN 不应被解释为 PI，而应要求"一个实验"的实际结果本身独立于实验者 B 的选择，而不仅仅只是概率分布。然而，图姆尔喀（Tumulka）认为，这种预先随机生成的策略信息无法支持他提出的一种相对不变的即时坍缩理论（Tumulka，2016）。这是因为闪光灯的分布，即该理论的本体论，取决于实验中双臂方向的选择。如果分配是提前给出的，那么这些选择也必须提前给出，因此并不取决于 DET'。作为回应，康威和科亨改变了他们的观点（Conway，Kochen，2009）。与其预先生成有关闪光灯的信息，倒不如预先生成所有可能的闪光灯分布。这样，选择与预先生成的信息一起决定了粒子的响应。然而，梅隆声称，这将违反（sFWTd & i），因为粒子的回应将无法独立于过去的信息，因此它们会违反 DET（Menon，2010）。梅隆认为，真正的问题在于 MIN，它包含了一个"强大"的因果关系的概念。同样，维特里希认为，康威和科亨反对图姆尔喀的论点要么是引入随机性的非法方式，要么虽是合法的，但却失败了（Wüthrich，2011）。

1.4　批判 2：自由意志定理的哪一个限制实际上是自由意志辩论的选择？

无论人们是否考虑了在 1.3 节的批判是决定性的还是非决定性的，关于该定理对自由意志哲学的影响，还存在其他值得关注的方面。为了这个论证，可以假设 sFWTd & i

是有效的。倘若如此,那么物理学(包括量子力学和相对论)就意味着存在自由主义意义上的自由意志,因为该证据涉及对决定论的否定。正如我们所强调的那样,若这是真的,那么这对那些仍处于苦苦挣扎中的自由意志主义者而言是个好消息。让我们看看情况是否的确如此。

1.4.1 循环论证

回看 MIN 的定义,人们会注意到还有一个假设没有被详细说明:"……实验者 B 可以自由选择……"(Conway,Kochen,2009)因此,(sFWTd & i)的核心是,如果实验者有自由意志,那么这些粒子也是自由的。也就是说,强自由意志定理的前提条件是

$$(\text{Cond. sFWT}) \quad (\text{QM} \,\&\, \text{MIN}') \,\&\, \text{FW\_people} \rightarrow \text{FW\_particles}$$

其中,FW_people 为假设实验者有自由意志,而 MIN$'$ 是 MIN 中没有这种假设的部分。但倘若如此,这个定理便会出现循环论证:对自由意志感兴趣的哲学家的问题是决定实验者是否有自由意志。然而,以这种方式形成的定理会让它失去对自由主义哲学家大部分的吸引力。

1.4.2 有条件的主张

证明有条件的主张可能是有趣的。但如果 1.3 节的批判是正确的,那么康威和科亨便无法证明这一点。事实上,(Cond. sFWT)意味着

$$(\text{QM} \,\&\, \text{MIN}) \,\&\, \text{DET} \rightarrow 矛盾$$

对于决定论,如果 R = MIN = LOC,便可得到

$$\text{QM} \,\&\, \text{LOC} \,\&\, \text{DET} \rightarrow 矛盾$$

这与贝尔定理一样意味着 LOC 是错误的,而不是指 DET 是错误的。因此,我们不能断定 FW_particles = ～DET 是正确的。此外,非决定论的决定性模型被 MIN 所推翻,因此

$$(\text{QM} \,\&\, \text{MIN}) \,\&\, \text{DET}' \rightarrow 矛盾$$

意味着 MIN 是错误的,而 DET 不是错误的。由此,我们无法再次得出 FW_particles 是

正确的①。

1.4.3　关于"FW_people"和"FW_particles"的条件

即使为了论证 1.3 节中展示的批判的论点是错误的,仍有一些问题与康威和科亨所讨论的人的自由概念尚不清楚有关。如果结果是(Cond. sFWT),那么 FW_people 假设是正确的吗?

康威和科亨认为 FW_people 大致是正确的,因为它否认了决定论,而决定论是一个不可置信的观点,就像唯我论(Solipsism):"哲学家正确地认为,决定论中不存在自由主体,而唯我论中的外部世界都被认为是一致的,即使是令人难以置信的宇宙也能显示出可能的极限,但是我们将它们视为对宇宙的严肃观念。"(Conway,Kochen,2006)

然而,考虑一下 FW_people 所表明的:"实验者可以自由选择可能的实验。"(Conway,Kochen,2009)这种自由感与一个决定性的宇宙并不矛盾:即使只有一个可能的未来,实验者也不知道是哪一个。因此,为了所有相关的目的,一个人只需要一种认知,而不是一个关于自由概念的形而上学观点。由此,FW_people 可以断言,世界就像实验者可以选择沿着给定方向的定向磁铁一样。由于这与一个决定性的宇宙是相容的,因此 FW_people 不一定是在否认 DET:它可能只是一个相容的自由概念。也就是说,即使是相容主义版本的 FW_people 假设,也会对康威和科亨起作用。然而,康威和科亨并未考虑这种可能性,因为他们认为决定论是"不严肃的",他们想要的是自由主义者的自由观念。但问题是,他们没有为它提供任何论据,只是简单地写道,如果决定论是正确的,那就没有办法理解科学。然而,情况并非如此。他们的担心似乎是,如果决定论是正确的,那么实验者进行实验便毫无意义。倘若如此,他们便将实践中的可预测性与原则上的可预测性混为一谈;如果决定论是正确的,原则上便可以预测所有可能进行的实验结果,但这并不意味着实验者实际上有或必须有必要的信息来进行这种计算。因此,兼容论者所认为的自由似乎足以理解科学。事实上,兰德斯曼也同样认为自由意志定理中的自由概念是相容的(Landsman,2017)。

此外,该定理被定义为,如果确实存在少量的实验者有自由意志,那么基本粒子必须要有自己的份额(Conway,Kochen,2006)。换句话说,如果实验者具有一定的特性,那么

---

① 即使是以不同的方式,维特里希也声称定理是循环论证的(Wüthrich,2011)。他关心的是康威和科亨定理是否证明了非决定论,而我更关心它是否能证实自由意志,已有的自由意志研究表明忽视决定论和自由意志之间的关系并非一劳永逸。

自旋 1 粒子便也具有完全相同的性质。由于实验者的这一特性是我们通常称为"自由意志"的一个实例,所以认为同样的术语也适用于粒子(Conway,Kochen,2006)。也就是说,FW_people 与 FW_particles 有着相同的特性。

然而,可以看到,根据定义,FW_people 不一定拒绝 DET(因为两者可以兼容),而 FW_particles 正相反。因此,即使 FW_people 是正确的,定理也不表明同一特性适用于人和粒子。

为了论证,可假设"FW"对粒子和人而言有着相同含义。现在的问题是,粒子和人是否有可能像自由意志一样共享着某种特性。即使像阿尔弗列德·怀海德(Alfred White-head)这样的哲学家也接受了这样的观点(Whitehead,1929),但这似乎还是令人难以置信:"FW"怎么能真正表明我们通常所说的自由意志同时归因于人和粒子呢? 这似乎涉及了一个类别错误:尽管将观察者看作可能具有自由意志、信念、欲望或知识等特性的主体似乎是合适的(至少在直觉上),但将这些特性归因于粒子似乎是不明智的,因为粒子不是主体,其典型特性是位置、动量、质量或自旋。

1.4.4　自由状态定理(在无"FW_people"条件下)

让我们考虑 FW_people 假设在自由意志定理的证明中所起的作用。前文已指出,它可能只表达了这样一种观点:世界似乎可以进行不同的实验,而非世界实际上有一个开放的未来,它与一个具有自由意志的决定性宇宙完全兼容。正因如此,在我看来,FW_people 假设在证明中应该不是必要的。这超出了本章的范围,让我们来看看是否的确如此①。有趣的是,康威和科亨似乎认识到,定理有一点改良,不需要自由意志假设。自笛卡儿开始,物理学理论就根据自身独立于时空的规律,描述了一种状态从一个"自由"的初始状态的演化。我们将这种理论称为任意初始条件自由状态理论(Conway,Kochen,2009)。最终,他们提出了一个不包含 FW_people 假设的自由意志定理的版本,并称之为"自由状态定理"(简称 FST)(Conway,Kochen,2006):

$$(FST)\quad(QM \And MIN) \to FW\_particles$$

康威和科亨观察到,如果定理依赖于 FW_people,则是非常不协调的。事实上,这与已有的研究较为一致②,他们自然地认为粒子的后一种自由是我们自己的最终解释(Conway,

---

① 关于在贝尔定理的背景下的相关讨论可参见文献(Menon,2010;Wüthrich,2011;Norsen,2017;Bell,1985;Clauser et al.,1985;Goldstein,Norsen et al.,2011;Maudlin,2014;Bricmont,2016;Tumulka,2007)。

② 可参见文献(Kane,1996)。

Kochen,2009）。然而，如果条件自旋自由意志定理（Cond. sFWT）的确发挥了作用，那么它便证实了一种相反的作用，即人的自由是粒子自由的基础。因此，他们声称需要通过FST来证明FW_particles独立于FW_people。

如果不需要FW_people假设，且FST是合理的，我们可能已经获得了一些有趣的发现，即无论我们是否是自由的，粒子都是自由的。然而，FST是否能证明粒子是自由的呢？兰德斯曼认为，应该从相容主义的角度来看待这个定理（Landsman,2017）。但如前所述，康威和科亨明确地否定了相容论（他们否定决定论），因此他们必须遵循自由意志的粒子概念。然而，我们已经看到这很难定义，自由意志主义者的核心思想是将自由意志归因为代理的人，而不是粒子，因为代理具有粒子所不具备的特性。换言之，在自由意志主义的框架下，我们与粒子有着根本上的不同，尤其是粒子没有自由意志，只有我们作为主体才有自由意志。

康威和科亨的另一个选择是不援引代理，并坚持他们将FW_particles定义为否认决定论，但仍然不同于随机性。事实上，康威和科亨认为"自由粒子"的意思是"粒子是受到量子力学公理约束的随机表现"。他们认为推断出的粒子自由受到了更多限制，因为它受到TWIN公理的限制（Conway,Kochen,2009）。换言之，粒子的行为没有功能描述且受到TWIN约束，而随机性行为完全没有约束。这与他们的假设相容，即FW_particles＝～DET。然而，我认为这一点也没有帮助。为了我们所有的目的，受限制的随机性仍然是随机的，而认为随机性不是自由的传统反对意见仍然存在。这种限制的随机性意味着粒子的行为受到规律的支配，这些规律对它们的随机行为施加了约束。这意味着粒子就如同提线木偶，线绳能随机抖动，但也不能超过一定的限制。和完全随机性的情况一样，粒子不能控制它们的行为。如果一个人愿意，可以称之为"自由"，但这个概念与我们对自由的共同理解没有多大关系。

总结来看，我认为这个定理对自由意志辩论的影响是令人失望的。事实上，即使定理证明了"FW_particles"的一些属性，但这样的属性要么是不一致的（因为自由意志主义的自由归因于粒子似乎是矛盾的），要么是"限制的"随机性，因此很难看出它可能与传统意义上的自由的概念有关。

参 考 文 献

ALBERT D，1992. Quantum mechanics and experience[M]. Cambridge：Harvard University Press.

BALAGUER M，2004. A coherent，naturalistic，and plausible formulation of libertarian free will[J]. Noûs，38(3)：379-406.

BASSI A，GHIRARDI G C，2007. The Conway-Kochen argument and relativistic GRW models[J]. Foundations of Physics，37(2)：169-185.

BELL J S，1964. On the Einstein-Podolsky-Rosen paradox[J]. Physics，1：195-200.

BELL J S，1985. Free variables and local causality[J]. Dialectica，39：103-106.

BOHM D，1952. A suggested interpretation of the quantum theory in terms of "hidden" variables：Ⅰ and Ⅱ[J]. Physics Review，85：166-179.

BRICMONT J，2016. What did Bell prove[M]//BELL M，GAO S. Quantum nonlocality and reality：50 years of Bell's theorem. Cambridge：Cambridge University Press.

CATOR E，LANDSMAN K，2014. Constraints on determinism：Bell versus Conway-Kochen[J]. Foundations of Physics，44：781-791.

CLARKE R，2003. Libertarian accounts of free will[M]. New York：Oxford University Press.

CLAUSER J，HORNE M，SHIMONY A，1985. An exchange on local beables[J]. Dialectica，39：85-96.

COMPTON A，1935. The freedom of man[M]. New Haven：Yale University Press.

CONWAY J H，KOCHEN S，2006. The free will theorem[J]. Foundations of Physics，36：1441-1473.

CONWAY J H，KOCHEN S，2009. The strong free will theorem[J]. Notices of the American Mathematical Society，56：226-232.

DE BROGLIE L，1928. La nouvelle dynamique des quanta[M]//BORDET J. Electrons et photons：Rapports et discussions du cinquième conseil de physique. Paris：Gauthier-Villars.

EARMAN J，1986. A primer on determinism[M]. Dordrecht：Reidel.

GHIRARDI G C，RIMINI A，WEBER T，1986. Unified dynamics for microscopic and macroscopic systems[J]. Physical Review：D，34：470-491.

GOLDSTEIN S，TAUSK D V，TUMULKA R，et al.，2011. What does the free will theorem actually prove[J]. Notices of the American Mathematical Society，57(11)：1451-1453.

GOLDSTEIN S，NORSEN T，TAUSK D V，et al.，2011. Bell's theorem[J]. Scholarpedia，6

(10)：8378.

KANE R，1996. The significance of free will[M]. Oxford：Oxford University Press.

KOCHEN S，SPECKER E，1967. The problem of hidden variables in quantum mechanics[J]. Journal of Mathematics and Mechanics，17：59-87.

LANDSMAN K，2017. On the notion of free will in the free will theorem[J]. Studies in History and Philosophy of Modern Physics，57：98-103.

LEWIS D，1986. Philosophical papers Ⅱ[M]. New York：Oxford University Press.

LOEWER B，2003. Freedom from physics：Quantum mechanics and free will[J]. Philosophical Topics，23(2)：91-112.

MAUDLIN T，1994. Quantum non-locality and relativity：Metaphysical intimations of modern physics [M]. Cambridge：Cambridge University Press.

MAUDLIN T，2014. What Bell did[J]. Journal of Physics：A，47：424010.

MENON T，2010. The Conway-Kochen free will theorem，manuscript [Z]. arXiv：quant-ph/0604079.

MERALI Z，2006. Free will：You only think you have it[J]. New Scientist and Science Journal，190 (2550)：8-9.

NORSEN T，2017. Foundations of quantum mechanics：An exploration of the physical meaning of quantum theory[M]. Cham：Springer.

NORTON J，2008. The dome：An unexpectedly simple failure of determinism[J]. Philosophy in Science，75(5)：786-798.

NOZICK R，1981. Philosophical explanations[M]. Cambridge：Harvard University Press.

O'Connor T，1995. Agents，causes，and events：Essays on indeterminism and free will[M]. New York：Oxford University Press.

PENROSE R，1994. Shadows of the mind：A search for the missing science of consciousness[M]. Oxford：Oxford University Press.

PINKER S，1997. How the mind works[M]. New York：Norton.

POPPER K，1972. Objective knowledge[M]. Oxford：Claredon Press.

REDHEAD M，1989. Incompleteness，nonlocality，and realism：A prolegomenon to the philosophy of quantum mechanics[M]. Oxford：Clarendon Press.

SEARLE J，1984. Mind，brains，and science[M]. Cambridge：Harvard University Press.

STAPP H，1991. Quantum propensities and the brain-mind connection[J]. Foundations of Physics，21 (12)：1451-1477.

STAPP H，1993. Mind，matter and quantum mechanics[M]. New York：Springer.

STAPP H，1995. Why classical mechanics cannot naturally accommodate consciousness but quantum mechanics can? manuscript[Z]. arXiv：quant-ph/9502012.

STAPP H，2017. Quantum theory and free will：How mental intentions translate into bodily actions ［M］. New York：Springer.

STRAWSON G，1986. Freedom and belief［M］. Oxford：Oxford University Press.

TUMULKA R，2007. Comment on "the free will theorem"［J］. Foundations of Physics，37：186-197.

TUMULKA R，2016. The assumptions of Bell's proof［M］//BELL M，GAO S. Quantum nonlocality and reality：50 years of Bell's theorem. Cambridge：Cambridge University Press.

VAN INWAGEN P，1983. An essay on free will［M］. Oxford：Claredon Press.

WHITEHEAD A N，1929. Process and reality［M］. New York：Macmillan.

WÜTHRICH C，2011. Can the world be shown to be indeterministic after all［M］//BEISBART C，HARTMANN S. Probabilities in physics. Oxford：Oxford University Press.

第 2 章

心智与物质

马库斯·阿普比(Marcus Appleby)[①]

2.1 引　　言

通常,对意识难题感兴趣的人可以分为两类:一类认为意识完全可以简化为普通的生理机制,另一类则认为这种机制必须补充一些额外的要素,这两类人往往互相争论。正如哈德卡斯特(Hardcastle)在一篇关于该主题的论文开始时谦卑地写道(Hardcastle,1997):

> 我承认,我的观点对那些反对我的人来说几乎没有说服力。我们之间很少

[①] 马库斯·阿普比是澳大利亚悉尼大学工程量子系统中心以及物理学院的研究员,研究兴趣集中于心灵哲学、数学哲学、物理学哲学与一般科学哲学。

对话,改变观点的人也就更少了。

　　哈德卡斯特恰好是第一类人,但在另一类人中可能有大多数对他改变态度的可能性持消极态度。这一点与科学中常见的情况不同:在科学中,无论问题多难、争论多激烈,人们都期望最终能达成共识。有些人可能会认为,在意识领域中不应该达成共识,因为这是一个哲学问题而非科学问题,哲学因从未就任何议题达成共识而"臭名昭著"。本章持较为乐观的态度,认为这个问题应该能够被每个有能力的人圆满解决。若非如此,那就是因为我们没有以正确的方式去看待它。

　　这种情况在某种程度上让人联想起在对抗性法律制度下进行的审判,其中一人被任命为控方委员,另一人被任命为辩方委员,然后双方进行辩论。这也许是在问题提出得恰到好处的情况下找到真相的好方法。但是,如果这个问题提得不好,即所提供的任何一个选项都不能代表真理,那么对抗过程要么会导致一个肯定是错误的答案,要么便会造成停滞。在我看来,"停滞"将是对存在于意识难题情形的一个公正的描述。为了摆脱停滞状态,我们需要暂停寻找解决方案的尝试,而不是重新审视该问题。具体而言,我们需要寻找共享的信念。这种似乎是显而易见且双方都认为是理所当然的假设,实际上却是错误的。爱因斯坦对相对论的表述取决于他对这一假设的识别,即假设存在一种绝对的、独立于观察者的感觉,其中的事件要么同时发生,要么非同时发生。这里也需要类似的东西。

　　从表面上看,哲学家查尔姆斯(Chalmers)和丹尼特(Dennett)的观点是截然不同的两个极端(Chalmers,1996;Dennett,1991)。然而,我想说的是,将他们联系在一起的东西和将他们分开的东西一样重要。现代的意识概念,正如在哲学争论中所表现的那样①,是笛卡儿式灵魂(Cartesian Soul)的智慧后裔。尽管一些思想家拒绝了17世纪那种纯粹的二元论,却保留了一种弱化版的笛卡儿式灵魂。另一些人则完全拒绝接受这一概念。这是显而易见的,也是造成严重分歧的原因。但不明显的是,双方继续受到了一些假设的约束,这些假设最初导致笛卡儿提出了他独特的心智理论。只要这些假设依然存在,就不可能有令人满意的解决办法。

　　我认为,意识难题与量子解释难题是密切相关的。这并非是说量子力学可以使意识的特殊特征(正如目前设想的那样)显得不那么特殊。更确切地说,构成我们对意识困惑的错误假设与构成我们对量子力学困惑的错误假设密切相关。除了被人们所熟知的数学家身份外,笛卡儿还是个哲学家。然而,在他自己和与他同时代的人看来,他至少是一个同等重要的物理学家②。更重要的是,笛卡儿试图澄清和系统化经典物理学的基础,这

---

① 举例来说,与毫无争议的医学教科书不同。
② 在17世纪,物理学被认为是哲学的一部分。然而,物理学与17世纪思想家所称的形而上学之间还是有区别的。

使他形成了最初的思想观念。

2.2节探讨了17世纪近代意识概念的起源,尤其是它与17世纪物理学的联系。在许多人看来,当时做出的假设似乎已经获得了不言而喻的真理地位。将它们置于当时的历史背景下去看待很重要,这有助于人们发现它们实际上问题重重。2.3节讨论了量子力学的相关性。对于一个被灌输了17世纪思想的人而言,量子力学似乎很奇怪。但我认为,经典物理学应该被视为不寻常的,至少经典的解释是如此,量子力学标志着或至少应该标志着人们理性的恢复。最后,2.4节探讨了意识难题的应用。

下文中并未提出解决意识难题的方法,我也不认为这是一个伪命题。恰恰相反,我的目的只是想揭露一些隐藏的假设,因为它们可能会阻碍科学的进步。一些观点在另一篇文章中有着更为详细的阐述,读者可参见文献(Appleby,2014)。

2.2 近代意识观的历史起源

近代物理学建立在两种明显截然不同的心智观念的融合之上:一种是经验主义的态度,根据这一态度,只有被实验验证的东西才能被接受;另一种是毕达哥斯拉式的态度[①],认为世界的本原是数学。关于后者,伽利略曾在《检验者》(《The Assayer》)中写道(Galileo,2008):

> 哲学被写在这本包罗万象的书中,它不断地开拓着我们的视野,那就是宇宙,但想要理解它,必须先学会理解语言,并知道它所使用的文字。它是用数学语言写的,它的特征是三角形、圆形和其他几何图形,没有这些图形,人类就不可能理解其中的一个词,就像一个人在黑暗的迷宫中毫无意义地徘徊。

伽利略的这一学说可以看作数学实在论(Mathematical Realism)的早期先驱,这引发了一个明显的问题:从表面上看,世界并不像是一本用数学语言写成的书。那么,伽利略是如何解释它所有的质性特征的呢? 按照古代原子学家弗雷(Furley)的观点,这些特征可以被视为主观的幻觉而不予考虑(Furley,1987):

> 因此,我认为每想到一个物质的实体,我就会感到有一种必然性,即我也必须想到它有这样或那样的界限或者形状;它与其他事物相比是大还是小;它在这还是在那;它存在于现在还是其他时间;它移动还是静止;它是否触及另一个

---

① 　可参见文献(Burtt,1954)。

用外,大脑-心智中介结构还必须提供一些可预测性,原因如下:如果心智要控制 MP,自由选择增加或不增加它的振幅,它就会有两个选择——观察或不观察大脑-心智中介结构。应注意,根据意识导致坍缩假说,为了进行测量,需要一个被测量的物理系统(在这里是 NO)、一个物理测量设备(在这里是 BMMS)和一个观察者的心智(在这里是 OM)。如果 OM 可观察,则会发生坍缩,并且 $|\alpha\rangle$ 增加;如果 OM 不可观察,则 $|\alpha\rangle$ 的振幅保持不变。但是考虑到观察需要在 BMMS 处于测量 $P_{\alpha+\epsilon}$ 状态时开始(而不是之后),然后继续测量,直到达到所需的振幅,测量的动态机制需要是可预测的,并且只有如此,大脑才可以随心所欲地选择测量方法。这可以通过假设 BMMS 的动力机制是周期性的来实现,但如何实现对周期性的描述(即这种振荡的确切细节是什么)则是不确定的,也是不清楚的。

因此,我们在这里达到了斯塔普模型所需的大脑结构的约束条件。

NO:神经振荡是与神经系统相关的基本结构,是根据心智的意志而增加的活动。斯塔普假设它们处于一个量子相干态 $|\alpha\rangle$。尽管这是一个简化的假设,但也有其他的量子振荡可以通过类似逆量子芝诺效应的效果来增加。实际上,我们需要在大脑中寻找的是具有某种振荡的结构,这种振荡可能与行为反应直接相关。

BMMS:NO 需要与大脑-心智中介结构互动,才能成为心智与大脑相遇的候选对象。大脑-心智中介结构需要具有一定的可预测性,即它需要具有周期性(尽管它的特定动态可能非常复杂)。此外,大脑-心智中介结构与 NO 的相互作用必须提供一个首选的测量基础,如果心智观察到它,则允许增加 NO 的活动。

在与斯塔普一致的意识导致坍缩假说模型中,神经系统 NO + BMMS 构成了心智与物质相互作用的轨迹。

5.5 结　　论

本章中,我们用量子力学中的意识导致坍缩假说检验了斯塔普的心智与大脑交互的模型。我们讨论了与斯塔普模型相关的一些限制,并认为,如果心智要根据其意志影响大脑结构,就需要出现一些非常具体的大脑结构动力学。这些约束,连同动力机制,应该为我们提供了一种方法来研究允许心智与大脑相互作用的结构的存在,并用斯塔普的模型进行展示。

应该强调的是,本章有一个主要的假设,即心智与大脑中物质的相互作用。但是,很有可能心智在大脑中根本没有相互作用,甚至在我们认定为 NO 和 BMMS 的结构中也没有相互作用。原则上,这种结构可能会与其他环境成分纠缠在一起,而心智与这些其他成分的交互作用也会导致同样的结果:非物质心智对物质的控制。然而,与其他组成部分的相互作用必须以一种能够保持每个 BMMS 与不同的 NO 以及不同的行为结果相关联的独立性的方式进行。也就是说,从量子的角度来看,与移动右臂相关联的 NO 需要被隔离到与移动左臂相关联的共振。所以,这表明心智观察只发生在局域层面,而且很明显是无意识的。

另一个值得一提的问题与维格纳的朋友有关。如果我们识别出被提及的结构,然后让外部观察者(即实验者)也观察到它们,原则上,这个外部观察者可能会发挥作用。例如,我们可以确定 NO + BMMS 与抬高参与者的右腿有关。当观察这个振荡器时,与它并没有任何物理上的相互作用,也许除了一个会使它的量子自由度与我们的心智纠缠的弱相互作用外,我们还可能使参与者的腿抬起。换句话说,即使参与者不想抬起他们的腿,外部心智的观察也会促使他们这样做。

应该解决的最后一个难题是关于没有被观察到的 NO + BMMS 系统。如何防止这些系统与环境变量纠缠在一起,使其始终由观察者甚至外部观察者所测量呢?或者是否有其他的结构被观察到,从而阻止了量子相干的进行并受到了外部观察者的影响呢?

虽然意识导致坍缩假说没有被许多物理学家所认真对待,但它确实解决了测量难题。尽管有人可能会说它不能被证伪,但它确实提供了一些有趣的机会让我们去思考如何建立心智与物质相互作用的模型,如斯塔普模型。这些模型可能会对大脑结构造成约束,而这些大脑结构在原则上是可以被观察到的。此外,正如我们所看到的,这种类型的模型提出了许多重要的、可证伪的问题,这是有趣的科学理论的标志。本章希望能为此类讨论提供一些参考。

参 考 文 献

BOHM D,1952a. A suggested interpretation of the quantum theory in terms of "hidden" variables:Ⅰ[J]. Physical Review,85(2):166-179.

BOHM D,1952b. A suggested interpretation of the quantum theory in terms of "hidden" variables:Ⅱ[J]. Physical Review,85(2):180-193.

BUENO O,2019. Is there a place for consciousness in quantum mechanics? [DB]//DE BARROS J A,

MONTEMAYOR C. Quanta and mind：Essays on the connection between quantum theories and consciousness（Synthese Library）.

DE BARROS J A，2016. On a model of quantum mechanics and the mind［Z］. arXiv：1404.0714.

DE BARROS J A，OAS G，2015. Quantum mechanics & the brain，and some of its consequences［J］. Cosmos and History：The Journal of Natural and Social Philosophy，11（2）：146-153.

DE BARROS J A，OAS G，2017. Can we falsify the consciousness-causes-collapse hypothesis in quantum mechanics?［J］. Foundations of Physics，47（10）：1294-1308.

DE BARROS J A，PINTO-NETO N，1997. The causal interpretation of quantum mechanics and the singularity problem in quantum cosmology［J］. Nuclear Physics B-Proceedings Supplements，57（1-3）：247-250.

DE BARROS J A，PINTO-NETO N，1998. The causal interpretation of quantum mechanics and the singularity problem and time issue in quantum cosmology［J］. International Journal of Modern Physics：D，7（2）：201-213.

DE BARROS J A，PINTO-NETO N，SAGIORO-LEAL M A，1998. The causal interpretation of dust and radiation fluid non-singular quantum cosmologies［J］. Physics Letters：A，241（4）：229-239.

DE BARROS J A，PINTO-NETO N，SAGIORO-LEAL M A，2000. The causal interpretation of conformally coupled scalar field quantum cosmology［J］. General Relativity and Gravitation，32（1）：15-39.

EVERETT Ⅲ H，1957. "Relative State" formulation of quantum mechanics［J］. Reviews of Modern Physics，29（3）：454-462.

FUCHS C A，2014. Introducing QBism［M］//GALAVOTTI M，DIEKS D，GONZALES J，et al. The philosophy of science in a European perspective. New directions in the philosophy of science. Heidelberg：Springer.

HOLLAND P R，1995. The quantum theory of motion：An account of the de Broglie-Bohm causal interpretation of quantum mechanics［M］. Cambridge：Cambridge University Press.

KOCHEN S，SPECKER E P，1967. The problem of hidden variables in quantum mechanics［J］. Journal of Mathematics and Mechanics，17：59-87.

MONTEMAYOR C，2019. Panpsychism and quantum mechanics：Explanatory challenges［DB］//DE BARROS J A，MONTEMAYOR C. Quanta and mind：Essays on the connection between quantum theories and consciousness（Synthese Library）.

NELSON E，1985. Quantum fluctuations［M］. Princeton：Princeton University Press.

SCHLOSSHAUER M，2005. Decoherence，the measurement problem，and interpretations of quantum mechanics［J］. Reviews of Modern Physics，76（4）：1267-1305.

SCHLOSSHAUER M，KOFLER J，ZEILINGER A，2013. A snapshot of foundational attitudes toward quantum mechanics［J］. Studies in History and Philosophy of Science：Part B，Studies in History and Philosophy of Modern Physics，44(3)：222-230.

STAPP H P，2009. Mind，matter，and quantum mechanics[M]//STAPP H P. Mind，matter and quantum mechanics (the Frontiers collection). Heidelberg：Springer.

STAPP H P，2014. Mind，brain，and neuroscience[J]. Cosmos and History，10(1)：227-231.

VON NEUMANN J，1955. Mathematical foundations of quantum mechanics[M]. BEYER R T Trans. Princeton：Princeton University Press.

第6章

量子科学？

帕韦·库尔津斯基（Paweł Kurzynski）[①]
达戈米尔·卡什利科夫斯基（Dagomir Kaszlikowski）[②]

6.1　引　　言

　　可以肯定的是，我们周围的一切，从简单的石头到复杂的大脑，都是由遵循量子力学定律的微观成分所构成的。同样可以肯定的是，在宏观（经典）世界中观察量子现象并不容易。在大多数情况下，快速的量子到经典的转变归因于退相干（Zurek，1991）。退相干发生于任何开放的系统中，宏观物体当然也属于其中之一。然而，最近的研究表明，现实

①　帕韦·库尔津斯基是波兰波兹南密茨凯维奇大学物理学部研究员，研究兴趣集中于量子信息与量子计算。
②　达戈米尔·卡什利科夫斯基是新加坡国立大学物理学系副教授，研究兴趣集中于量子相位转换与量子纠缠。

环境中的相干次数可能令人印象深刻(Panitchayangkoon et al.,2010)。要注意,对相干的观察还不足以断言给定的系统是量子的。相干当然意味着波的行为,却不一定是量子行为。

那么,什么是量子性呢？常识似乎将量子性等同于波粒二象性,观测使得量子系统产生波状或粒子状的行为。这种基本的自然属性导致了互补的现象,即某些物理属性不能同时被观察到。此外,量子理论只提供了一个方法来估计可观测的测量结果的概率。对于两种互补的测量——A 和 B,量子力学给出了一个估计概率分布 $p(A=a)$ 和 $p(B=b)$ 的规则,但没有提到联合概率分布(Joint Probability Distribution,简称 JPD),即 $p(A=a, B=b)$。因此,联合概率分布问题是互补性的一个方面。不过,即使是互补的特性,通常可以将 A 和 B 构造成一个联合概率分布,正确地再现可衡量的边际概率 $p(A=a)$ 和 $p(B=b)$。在这种情况下,系统可以由经典的、决定性的参数模拟出来,通常在文献中被称为非语境隐变量(Non-Contextual Hidden Variables,简称 NCHV),它编码所有可能的结果 a 和 b。在这种情况下,系统可能从根本上来说是量子的,但它有另一种经典的描述。因此,要证明一个真正的量子行为,需要证明它不可能构造一个与可测量的边际概率分布兼容的联合概率分布(Fine,1982)。这并不总是可能的,自然界也可以被证明是量子的(Bell,1964;Kochen,Specker,1967)。

在这项工作中,我们认为即使在没有退相干的完全孤立的条件下,任何只有少数量子粒子系统的自然属性都可以很容易地用联合概率分布模拟出来。因此,在由多个粒子组成的系统中,想要有真正的量子行为是极其困难的。由此推测,简单和复杂的宏观物体(如有生命的物质)可以在经典计算机上与在量子计算机上一样有效地模拟,或者它们的量子模拟与经典计算机一样低效。

6.2　量子性和联合概率分布

量子理论是一种有效的计算测量结果概率的算法,可以在一个量子系统上执行。这个系统由一个实验者准备(有时是自然本身),他同时设置了一个测量仪器来产生测量结果,结果与实验者被允许问的基本问题的答案“是”(编码为 1)与“否”(编码为 0)有关。编码 0 与 1 似乎都是随机发生的,量子理论可以精确地估计它们的可能性或不可能性有多大。根据量子理论,有些问题不能被共同提出——它们通常被称为“互补”问题。例如,“原子在 x 位置上吗？”和“原子的动量是 p 吗？”是互补问题。从操作层面上来说,还没有人制造出一种能够对任意量子态的互补观测结果进行精确测量的测量仪器,即"是"与"否"测量。

然而,这种看似根本的限制可能来自于爱因斯坦、波多尔斯基(Podolsky)和罗森(Rosen)于 20 世纪 30 年代中期发表的一篇有影响力的论文中所提出的著名的量子理论的某种不完备性(Einstein et al.,1935)。事实上,对于我们来说,可能有一些隐藏的物理参数,这些知识可以让我们得到补充问题的明确答案。这些假设的参数通常被称为非互文性隐变量(Non-Contextual Hidden Variables,简称 NCHV)。

非互文性隐变量可以简单地描述如下:假设,你想要执行一些可观察对象的测量(互补的或非互补的)$A_i (i=1,2,\cdots,N)$ 具有 k 值结果的 a_i。非互文性隐变量的 λ_l 编码 A_i 可以生成的所有可能的测量结果,即 $\lambda_l = (a_1,a_2,\cdots,a_N)$ 和 $l=1,2,\cdots,k^N$。为了解释随机性,应施加一些联合概率分布(Joint Probability Distribution,简称 JPD)p 在 λ_l 上,即 $p(\lambda_l) = p(a_1,a_2,\cdots,a_N)$。$p(\lambda_l)$ 的唯一要求是它符合实验观察,即 $p(\lambda_l)$ 的边缘必须复原所有允许测量的统计量。例如,假设你有四个二进制的可观测对象 A_1,A_2 和 B_1,B_2,它们在一个 $A(B)$ 组内互补,并且在组内共同可测量。实验上可用的概率是 $p(a_1,b_1)$,$p(a_1,b_2)$,$p(a_2,b_1)$ 和 $p(a_2,b_2)$,任何联合概率分布必须复原它们作为其边缘:$\sum_{a_2,b_2} p(a_1,a_2;b_1,b_2) = p(a_1,b_1)$ 等。当然,现在可以给"禁止"的互补观测值分配有明确定义的概率:$p(a_1,a_2) = \sum_{b_1,b_2} p(a_1,a_2;b_1,b_2)$ 和 $p(b_1,b_2) = \sum_{a_1,a_2} p(a_1,a_2;b_1,b_2)$。如果它们存在,则非互文性隐变量将提供关于任何物理可观测的终极知识,就像量子理论被发现之前的经典物理学所承诺的那样。

贝尔、科亨和斯派克分别给出了非互文性隐变量不存在的理论证明(Bell,1964;Kochen,Specker,1967),随后的实验证实了其理论预测(Freedman,Clauser,1972;Aspect et al.,1982)。本章并非讨论所有错综复杂的理论证明和实验室实验,但可简要概述如下:最简单的描述是贝尔的证明,他发现了一个代数不等式,即贝尔不等式(Bell Inequality),用于实验上的可用概率。如果这些概率是非语境隐变量的任何联合概率分布的边缘,那么这些概率则必须服从,违反贝尔不等式即表明非互文性隐变量不存在。

总而言之,非互文性隐变量指出,在一个给定的物理系统上,所有可能的实验结果都有明确的、客观的值,这些值只通过观察(测量)的行为来进行展示。很明显,非互文性隐变量可以成功地描述宏观世界。不需要直接看到银行账户上的钱,而用手机查看账户对账单就已足够。虽然非互文性隐变量不存在,但它们以最普遍的、实验可验证的方式捕获了经典范式。就本章作者而言,这是所能得到的唯一明确的古典性检验方法。

非互文性隐变量缺乏的一个必要条件,以及联合概率分布缺乏的结果,是有一个循环交换的观测值子集(Fine,1982)。这里将讨论一个最简单的场景,它由已经提到的 4

个二进制的观测对象组成：A_1，A_2，B_1 和 B_2。为了这个场景的目的，我们假设这些可观察对象有结果 1。循环交流由 $[A_i, B_j] = 0 (i, j = 1, 2)$，但 $[A_1, A_2] \neq 0$ 和 $[B_1, B_2] \neq 0$ 组成，所以一个联合概率分布 $p(a_1, a_2; b_1, b_2)$ 无法直接测量。这 4 个可观测的结果构成了著名的克劳瑟-霍恩-西蒙尼-霍尔特（Clauser-Horne-Shimony-Holt，简称 CHSH）情景（Clauser et al.，1969）。

关键是，如果 CHSH 场景有联合概率分布，则必须满足以下不等式：

$$-2 \leqslant \langle A_1 B_1 \rangle + \langle A_1 B_2 \rangle + \langle A_2 B_1 \rangle - \langle A_2 B_2 \rangle \leqslant 2 \tag{6.1}$$

也可以表示为

$$p(A_1 = B_1) + p(A_1 = B_2) + p(A_2 = B_1) + p(A_2 \neq B_2) \leqslant 3 \tag{6.2}$$

这个不等式源于以下一连串的含义：如果 $A_2 = B_1$，并且 $B_1 = A_1$，$A_1 = B_2$，那么 $A_2 = B_2$。一般来说，如果以上 4 种可能性中有 3 种是 1，那么最后一种必然是 0，这是很容易检验的，也是结果的排他性所暗示的。

CHSH 情形可以在两种设置中实现：第一种设置是非局域的，在这种情况下，系统是由两个部分组成的，可观测的 A_1 和 A_2 在第一部分被测量，而 B_1 和 B_2 则在第二部分被测量。在非局域设置中，只有在系统纠缠时才能被观察到。不等式(6.1)和不等式(6.2)的违反，第二种设置是局域的，在这种情况下，所有 4 个可观测值都是在一个需要至少有 4 个不同状态的局部系统内测量的。

众所周知，量子理论允许在非定域和定域情况下违反上述不等式。不等式(6.1)在 $\pm 2\sqrt{2}$ 以下可违反，而不等式(6.2)在 $2 + \sqrt{2}$ 以下可违反。CHSH 不等式的违反证实了非互文性隐变量的缺乏，相应的联合概率分布证实了系统真正的量子性。然而，需要在特定的状态下准备系统才能获取它，并执行针对这个特定系统的特殊测量。

6.3 多副本的经典性

在实在条件下，很难测量单个量子系统与其他量子系统相互作用的单个特性。相反，人们通常会讨论量子系统的整体。例如，在大块材料或气体中，我们不能只解决单个自旋的磁化，而是要解决许多自旋的集体磁化。N 个量子系统 $q_1, q_2, \cdots, q_N$ 的这种集体性质都是在每个单独系统上测量相同的物理性质（如 A）的结果。更准确地说，观测到的

$A^{(i)} = 1^{\otimes i-1} \otimes A \otimes 1^{\otimes N-i+1}$ 在系统 q_i 上被测量。

本节讨论这类集体可见物的性质。假设所有 N 量子系统的状态为 ρ，并且 $\rho^{(i)}$ 是系统 q^i 的一个简化态。很明显，集体测量的结果不会在系统的排列下发生变化。更准确地说，如果在处于 $\rho^{(\pi_i)}$ 状态的系统中测量 $A^{(i)}$，则会得到相同的集体测量结果，其中 π_i 是指标的任意排列。因此，我们可以应用所有可能的排列来对称 N 部分的状态 ρ，即 $\rho \rightarrow \rho_{sym}$，且没有任何的观测误差。除此之外，$\rho_{sym}$ 的每个简化态都是相同的，即 $\rho^{(i)} = \sigma$。因此，从集体测量的观点来看，所有的 N 系统都是不可区分的。

接下来，提出是否可以找到非互文性隐变量来进行集体测量的问题。我们和合作者在一系列论文中回应了该问题（Ramanathan et al.，2011；Kurzynski et al.，2013；Kurzynski，Kaszlikowski，2016；Markiewicz et al.，2019），读者可参见这些文献以了解更多细节。本章主要关注 CHSH 场景，并说明即使对于 $N=2$，也存在一个经典的描述。

首先关注 $N=1$ 和二进制 ± 1 的可观测对象 A_1, A_2, B_1 和 B_2 的标准场景。不等式 (6.1) 和不等式 (6.2) 可以用以下 8 个事件对应的概率来表示：

$$(++|\,11), \quad (--|\,11), \quad (++|\,12), \quad (--|\,12),$$
$$(++|\,21), \quad (--|\,21), \quad (+-|\,22), \quad (-+|\,22)$$

其中，$(ij\,|\,kl)$ 表示已测量 A_k 和 B_l，观测结果分别为 i 和 j。这些事件导致了以下 12 对互斥事件（Cabello，2013）：

$$\{(++|\,11),(--|\,11)\}, \quad \{(++|\,12),(--|\,12)\},$$
$$\{(++|\,21),(--|\,21)\}, \quad \{(+-|\,22),(-+|\,22)\},$$
$$\{(++|\,11),(--|\,12)\}, \quad \{(-+|\,22),(++|\,21)\},$$
$$\{(--|\,11),(++|\,12)\}, \quad \{(+-|\,22),(--|\,21)\},$$
$$\{(++|\,11),(--|\,21)\}, \quad \{(+-|\,22),(++|\,12)\},$$
$$\{(--|\,11),(++|\,21)\}, \quad \{(-+|\,22),(--|\,12)\}$$

第三、四行和第五、六行中的配对是互斥的，因为它们恰好共享了一个测量值，但相应的结果是相反的（＋对－）。如果试图通过为这 8 个事件分配确定的值来构建一个非互文性隐变量模型，且事件发生时为 1，事件未发生时为 0，那么应记住，对于互斥事件，最多只能为一个事件分配 1。此外，非语境假设表明，如果我们给一个事件赋值，无论它是用哪个事件度量的，这个值都必须相同（Kochen，Specker，1967）。上面给出的互斥结构意味着最多可以为 3 个事件赋值 1，这很容易检查，因此不等式 (6.2) 的上限是 3。然而，如果在实验中发现 4 个可测量的概率之和大于 3 个，那么便知道没有非互文性隐变量描述。

接下来考虑上述 $N=2$ 的情形。当我们测量 A_k 和 B_l 时,可得到 4 个互斥性的结果:$(++|kl)$,$(+-|kl)$,$(-+|kl)$ 和 $(--|kl)$。两个系统中的每一个都可以产生一组不同的结果,因此原则上有 16 个可能的互斥事件。然而,由于认为我们仅限于无法区分系统的集体可观察对象,所以只有 10 个可能的互斥事件:

$$(++,++|\,kl),\quad (++,+-|\,kl),\quad (++,-+|\,kl),\quad (++,--|\,kl),\quad (+-,+-|\,kl),$$
$$(+-,-+|\,kl),\quad (+-,--|\,kl),\quad (-+,-+|\,kl),\quad (-+,--|\,kl),\quad (--,--|\,kl)$$

其中,$(ij,i'j'|kl)$ 表示在两个系统上测量 A_k 和 B_l,一个系统产生结果 i 和 j,而另一个系统产生结果 i' 和 j'。

在上面的集合中有两个特别有趣的事件。一个是 $(++,--|kl)$,表明 A_k 与 B_l 完全相关;另一个是 $(+-,-+|kl)$,意味着这些可观测值是完全反相关的。现在考虑非互文性隐变量模型,将确定性值 1 赋给如下 4 个事件:

$$(++,--|\,11),\quad (++,--|\,12),\quad (++,--|\,21),\quad (+-,-+|\,22)$$

这如何实现呢? 解决方案如下:这一次在上述事件之间没有互斥性。例如,$(++,--|11)$ 和 $(++,--|12)$ 并不互斥,因为在每个事件中,当共同测量 A_1 时,一个系统得到 + 值,另一个得到 - 值,对其他所有对也是如此。请注意,如果系统是可区分的,那么互斥性就会出现,因为在这种情况下,我们需要指定哪个系统产生了哪个结果,哪个结果等价于二次考虑 $N=1$ 的情况。

有趣的是,上述非互文性隐变量模型表明,集体测量导致 $A_2=B_1$,$B_1=A_1$,$A_1=B_2$ 和 $A_2=-B_2$,在这种情况下不可能有 $N=1$。因此,对于 $N=2$,不等式(6.1)和不等式(6.2)的违反并不意味着没有非互文性隐变量。因此,这种违反并不意味着任何量子性,这也解释了违反的性质,可参见文献(Suppes et al.,1996;Spreeuw,1998,2001;Qian,Eberly,2011,2013;Aiello et al.,2015;Qian et al.,2015;Snoke,2014;Frustaglia et al.,2016)。最后,应注意,相应的经典解释与退相干无关,即使两个系统与外界完全隔离,也能起作用。

6.4　结　　论

假定大自然最优的假设是很合理的,但最优的概念并不是绝对的。例如,在计算理论中，可以定义关于完成某个任务所需的若干操作的最优性，也可以定义关于存储中间计算步骤的结果所需的容量，或编码算法所需的内存最优性。问题是，对一种资源的最优并不意味着对另一种资源也最优。

许多宏观的复杂物体（如大脑）的运作，可能是真正的量子。然而，人们必须了解，尽管量子理论提供了一些在经典系统中不会发生的新效应，但仍需要付出代价来观察它们。也就是说，需要将系统与环境隔离，并且需要在一个特殊的状态下对其进行准备。接下来，需要应用非常精确的操作，最后需要使用高效的检测技术。因此，尽管量子现象可能就某些资源而言提供了最优性，但这些现象的观察需要大量的其他资源。这就提出了一个实际的问题：这么做值得吗？

上述问题一直被来自量子信息和计算领域的科学家们所关注，并且他们还远未给出一个明确的答案。例如，违反非局域设置的 CHSH 场景是由两个二级系统之间的纠缠产生的关联所提供的。然而，从一方到另一方的单个经典比特的通信足以经典地模拟这种关联（Toner，Bacon，2003）。在类似的情形中，如果使用少量额外的内存，就可以经典地模拟局域非经典语境系统中的关联（Kleinmann et al.，2011；Fagundes，Kleinmann，2017）。虽然这一点交流和额外的一点记忆对我们的理解至关重要，但这并不意味着它对每一个实际目的都很重要。因此，人们可能会问，使用额外的通信比特或提供少量额外的内存比特，难道不比完美地隔离单个量子系统，用复杂的机器单独处理其特性更简单有效吗？我们相信，在自然界中发生的大多数情况下，经典会走得更远。

特别是集体测量，被证明导致了经典描述，是相当自然的系统，应该是高度抗噪的。有噪声的系统不能依赖于信息的简洁编码，相反，它们不得不使用冗余来保护信息免受任何损害（Shannon，1948）。在最简单的场景中，一个人可以复制信息。因此如果一个副本被销毁，则其他副本很有可能保持完整，这种处理噪声的方法在许多自然和工程系统中被使用。这种方法最重要的一点是，噪声系统不再依赖单个比特的精确值，而是使用多个比特的平均值。例如，逻辑门或神经元的激活不是由单一电荷引起的，而是由强度大于某个阈值的电流引起的。尽管尼尔森（Nielsen）和庄（Chuang）已将高度复杂的量子纠缠进行编码（Nielsen，Chuang，2000），但我们在描述自然界大多数系统的工作时，即使在最基本的层面上，经典理论与量子理论一样有效。

参 考 文 献

AIELLO A，TOPPEL F，MARQUARDT C，et al.，2015. Quantum-like nonseparable structures in optical beams[J]. New Journal of Physics，17：043024.

ASPECT A，DALIBARD J，ROGER G，1982. Experimental test of Bell's inequalities using time-varying analyzers[J]. Physical Review Letters，49：1804.

BELL J S，1964. On the Einstein Podolsky Rosen paradox[J]. Physics，1：195-200.

CABELLO A，2013. Simple explanation of the quantum violation of a fundamental inequality[J]. Physical Review Letters，110：060402.

CLAUSER J F，HORNE M A，SHIMONY A，et al.，1969. Proposed experiment to test local hidden-variable theories[J]. Physical Review Letters，23：880-884.

EINSTEIN A，PODOLSKY B，ROSEN N，1935. Can quantum-mechanical description of physical reality be considered complete？[J]. Physics Review，47：777.

FAGUNDES G，KLEINMANN M，2017. Memory cost for simulating all quantum correlations from the Peres-Mermin scenario[J]. Journal of Physics A：Mathematical and Theoretical，50：325302.

FINE A，1982. Hidden variables，joint probability，and the bell inequalities[J]. Physical Review Letters，48：291-295.

FREEDMAN S J，CLAUSER J F，1972. Experimental test of local hidden-variable theories[J]. Physical Review Letters，28：938-941.

FRUSTAGLIA D，BALTANAS J P，VELAZQUEZ-AHUMADA M C，et al.，2016. Classical physics and the bounds of quantum correlations[J]. Physical Review Letters，116：250404.

KLEINMANN M，GUHNE O，PORTILLO J R，2011. Memory cost of quantum contextuality[J]. New Journal of Physics，13：113011.

KOCHEN S，SPECKER E P，1967. The problem of hidden variables in quantum mechanics[J]. Journal of Mathematics and Mechanics，17：59-87.

KURZYNSKI P，KASZLIKOWSKI D，2016. Macroscopic limit of nonclassical correlations[J]. Physical Review：A，93：022125.

KURZYNSKI P，SOEDA A，RAMANATHAN R，et al.，2013. On the problem of contextuality in macroscopic magnetization measurements[J]. Physics Letters：A，377：2856.

MARKIEWICZ M，KASZLIKOWSKI D，KURZYNSKI P，et al.，2019. From contextuality of a single photon to realism of an electromagnetic wave[J]. npj Quantum Information：5.

NIELSEN M A, CHUANG I L, 2000. Quantum computation and quantum information[M]. Cambridge: Cambridge University Press.

PANITCHAYANGKOON G, HAYES D, FRANSTED K A, et al., 2010. Long-lived quantum coherence in photosynthetic complexes at physiological temperature[J]. Proceedings of the National Academy of Sciences, 107: 12766-12770.

QIAN X F, EBERLY J H, 2011. Entanglement and classical polarization states[J]. Optics Letters, 36: 4110.

QIAN X F, EBERLY J H, 2013. Entanglement is sometimes enough[Z]. arXiv: 1307.3772.

QIAN X F, LITTLE B, HOWELL J, et al., 2015. Shifting the quantum-classical boundary: Theory and experiment for statistically classical optical fields[J]. Optica, 2: 611-615.

RAMANATHAN R, PATEREK T, KAY A, et al., 2011. Local realism of macroscopic correlations [J]. Physical Review Letters, 107: 060405.

SHANNON C E, 1948. A mathematical theory of communication[J]. Bell System Technical Journal, 27: 379623.

SNOKE D, 2014. A macroscopic classical system with entanglement[Z]. arXiv: 1406.7023.

SPREEUW R J C, 1998. A classical analogy of entanglement[J]. Foundations of Physics, 28: 361-374.

SPREEUW R J C, 2001. Classical wave-optics analogy of quantum-information processing[J]. Physical Reviewl: A, 63: 062302.

SUPPES P, DE BARROS J A, SANT'ANNA A S, 1996. A proposed experiment showing that classical fields can violate Bell's inequalities[Z]. arXiv: quant-ph/9606019.

TONER B F, BACON D, 2003. Communication cost of simulating Bell correlations[J]. Physical Review Letters, 91: 187904.

ZUREK W H, 1991. Decoherence and the transition from quantum to classical[J]. Physics Today, 44: 36-44.

第 7 章

非虚幻自由意志中的量子模型

凯瑟琳·布莱克蒙德·拉斯基(Kathryn Blackmond Laskey)[①]

7.1 决定论、相容论与自由意志

在我看来,我有自由意志。我有在这个世界上做出选择并实施这些选择的经验,我的选择似乎导致了一些如果选择其他方式就不会发生的事情。一旦做出了选择,我就会有一种截然不同的感觉:我本可以做出不同的选择,但如果做出了某种选择,就会出现与其他不同的结果。许多法律和社会结构都建立在我们有自由意志这一假设的基础之上。刑事司法和公共政策体系保障人们在自己的生活中具有代理权、可以对自己的选择负责

---

① 凯瑟琳·布莱克蒙德·拉斯基是美国乔治梅森大学系统工程与运行研究系教授,研究兴趣集中于推理的知识表征、概率和决策模型等。

任。我们从个人行为和职业行为的角度一般认为我们周围的人也都具有自由意志。

但是许多哲学家和科学家认为自由意志是虚构的。西方科学界普遍假设身体的行为可以完全根据物理定律来理解。在这种观点下，思想和意图应该被理解为大脑物理状态的次要表现。在认为自由意志是一种虚幻的非相容论（Harris，2012；Wagner，2003；Smilansky，2000）和认为自由意志可以与决定论相调和的相容论（Dennett，1996）之间的辩论中，对机械唯物主义的假设通常是理所当然的。里贝特（Libet）的开创性实验被认为证实了自由意志的虚幻性质（Libet et al.，1979，1983）。在一系列被后续研究证实的实验中，里贝特认为，大脑活动的建立先于进行自愿行为的有意识的察觉。也就是说，大脑在我们意识到已经选择了一个自愿行为之前就已经做好了准备。心理学家已经揭示了潜意识影响我们行为的无数方式（Bargh，2014）。许多人认为，这些发现意味着机械唯物主义是唯一在科学上站得住脚的形而上学立场。

另一方面，相信自由意志也有其优点。珀尔（Pearl）和麦肯齐（Mackenzie）认为，自由语言将提供有关复杂因果关系的简约编码（Pearl，Mackenzie，2018），通过促进有效的沟通、加速学习和改善集体问题解决能力，从而为社会行为者提供进化优势。此外，有证据表明，信仰自由意志有助于培养社会适应行为，对自由意志的信仰与亲社会和道德态度以及行为有关（Baumeister，Brewer，2012；Martin et al.，2017）。研究表明，破坏被试对自由意志的信仰往往会增加其反社会与不道德行为（Baumeister，Brewer，2012）。自由意志信念和道德判断之间的联系在不同文化和社会中都是强有力的（Martin et al.，2017）。因此，有观点认为，进化时产生的压力钟情于那些相信自己有自由意志的人。在这样的社会中，人们能在社会情境中更善于交流、学习，并参与了有利于群体生存的亲社会行为。但这些发现也引发了人们的担忧：如果科学家们对自由意志的怀疑在公众中传播开来，会对社会产生何种影响？哲学家斯迈兰斯基（Smilansky）认为，不能让人们内化真理（Cave，2016）。

其他人则对破坏自由意志普遍信仰的影响不那么悲观。最近的一系列研究未能发现自由意志的一般抽象信念对道德责任判断有显著影响，却发现了其对感知选择能力的强烈影响（Monroe et al.，2017）。对自由意志这一非专业概念的研究表明，人们较少关注非决定论的形而上学概念，而更关注在不受外部限制的不当影响下做出理性选择的能力（Monroe，Malle，2010；Stillman et al.，2011）。关于自由意志的直觉似乎是多方面的，在某些情况下表现为相容论，在另一些情况下则表现为非相容论（Nichols，Knobe，2007）。这些发现表明，有必要进一步研究自由意志的非专业概念，以及自由意志的信仰如何影响道德责任的判断。

有关相容论和自由意志社会效用信仰的争论通常认为，大脑过程是主要的，心智过程则是衍生的，思想对身体的行为没有直接的因果影响。这一观点得到了一项发现的支持。该发现表明,在意识到一个有意识的决定之前,大脑活动已经建立起来,并且通过研究发现了通常未被承认的无意识动机对行为具有强烈影响。然而,将这些发现解释为机械唯物主义的明确证明还为时过早(Mele,2009)。里贝特认为,执行一项行动的意图可能在无意识中开始,伴随着准备潜力的提高,但有意识的选择仍然可能在行为发生之前否决该行为。在这一解释中,意识起到了"选择和控制意志结果"的作用,这种结果是由无意识发起的(Libet,1985)。拉瓦扎(Lavazza)和德卡罗(de Caro)认为(Lavazza,de Caro,2010):

> ……将"实验神经科学"的发现应用于特定但至关重要的人类行为问题,可以被认为是一门"前范式科学(Pre-paradigmatic Science)"(在托马斯·库恩(Thomas Kuhn)的理解上)。这意味着,这种情况同时也会让智力受到刺激,但在方法论上却很混乱。更具体地说,由于缺乏一个坚实的、统一的、连贯的方法论框架来将神经生理学和机能联系起来,经常会出现这样的情况:尝试性的方法、大胆却非常基础的主张,甚至对实验数据有明显缺陷的解释,都被认为是理所当然的。

基于对实验研究的回顾和对实验结论的批评,拉瓦扎和德卡罗总结道,许多神经决定论的主张被夸大了,这些夸大的主张可能会产生负面的社会后果。拉瓦扎提出,考虑到实验结果中许多理论的不确定性和有问题的解释,更谨慎的做法是从自由意志的操作定义开始(Lavazza,2016;Lavazza,Inglese,2015),并寻求将更高层次的认知结构与神经过程联系起来。这样的研究计划可以独立于一个人的形而上学立场,即大脑是否确实是基于决定论的。如果是,决定论是否可以与自由意志相协调。

心理学家威廉·詹姆斯反对机械唯物主义的观点(James,1890)。他的反证法(Reductio Ad Absurdum)讽刺了这样一种观点,即只要能准确描述莎士比亚的大脑和环境,那就能确切地指出,为什么他的手恰好沿着我们称之为《哈姆雷特》的手稿上的书写痕迹移动。他又提出了一个进化论观点(James,1890):

> "意识"似乎是一个附加在其他器官上的器官,它维持着动物为生存而进行的斗争;当然,这种假设在某种程度上帮助了动物进行斗争。但是,如果不以某种有效的方式影响其身体历史进程,就无法帮到它。

沃尔特根据三种属性定义了自由意志:可选择性、可理解性和起源性(Walter,2009)。选择主义意味着至少存在两种真正可能的选择。沃尔特认为这是违反事实的:如果选择采取一个给定的行动,那么在这种情况下就有可能做出其他选择。因此,选择主义需要一个非决定性的世界。他承认,从经验观察来看,不可能有决定性的证据或替代主义的驳斥,因为每种特定的情况只发生一次,而且永远不能被精确地复制。然而,他认为,我们有必要思考,是否有人会反其道而行做出其他选择。这可以理解为,我们的选择是有原因的,即我们根据自己的价值观和理性的理由做出选择,而不是随机的或反射性做出的选择。大脑可表征出可供选择的选项、预测每种选项的后果、评估哪种最符合我们的价值观,并做出相应的选择。作为行动者,我们开启了因果链,并最终导致了我们所选择的行为。

沃尔特认为,在对这些术语最强烈的可能性解释下,可选择性和可理解性是彼此冲突的。无论决定论是正确的还是错误的,如果选择总是出于可理解的原因,那么在任何两种相同的情况下,选择也必须是相同的,因为只有相同的原因才会发挥作用。因此,在任何对自由意志的非虚幻解释中,这些特性中至少有一种必然会被削弱。传统的方法是通过一个条件论证来削弱可理解性,即我出于特定的原因选择了这个选项,但我本可以选择其他的选项。沃尔特认为这种“稀释版本”是“没有说服力的”。然而,有条件论证难道不是自由意志直觉概念的核心吗? 可以设想几个选项,在我们的脑海中形成可能的未来,如果这些选项中的每一个都会发生,考虑我们会最喜欢哪一个,并选出一个似乎是最好的。既然有选择,我们就会觉得有可能做出不一样的选择。因为根据价值观进行了选择而由此认为我们不是自由的,这似乎否定了价值驱动决策的直觉意义。

珀尔提出的 Do-calculus 为描述我们的价值观、选择和选择的结果之间的联系提供了一种实用的语言(Pearl,2009)。Do-calculus 是定义和分析因果模型的正式框架。一个因果模型既涉及了事件的正常开展,也包括了“局部手术”的影响,其中一些影响被反事实地改变了。例如,如果得知汽车无法启动,我们可能会认为是电池没电了。也就是说,在汽车无法启动的情况下,正常展开的模型会将较高的条件概率分配给电池故障:$Pr(B = \text{dead} \mid C = \text{nostart}) = $高。另一方面,如果我们在不影响电池充电水平的情况下阻止汽车启动,那么尽管汽车没有启动,电池还是会充满电,即 $Pr(B = \text{dead} \mid do(C = \text{nostart})) = $低。相比之下,因为电池电量是原因而不是汽车启动的结果,所以因果模型会指定 $Pr(C = \text{nostart} \mid B = \text{dead}) = $高和 $Pr(C = \text{nostart} \mid do(B = \text{dead})) = $高。

Do-calculus 提供了一种方法将沃尔特关于自由意志的三个标准更形式化。具体而言,假设一个代理在两种行为中做出选择,选择主义意味着 $A = a_1$ 和 $A = a_2$ 在这种情况下都是真正可能实现的。尽管沃尔特没有给出起源的正式定义,但我建议用珀尔的 Do-calculus 来给出一个形式。特别是起源意味着一个代理可以带来一个干预 $do_{\text{Agent}}(A = a)$,下标表示代理可以使操作 $A = a$ 发生。可理解性意味着代理的实际选择是非任意的,即假设 $A = a_1$ 会导致结果 $C = c_1$,$A = a_2$ 会导致结果 $C = c_2$,此时假设代理的值 c_1 比 c_2 高。之后,可理解性意味着,在正常的事件过程中,行为 $A = a_1$ 会发生,因为根据代理的价值体系,它会产生更好的结果。然而,起源意味着 $do(A = a_1)$ 和 $do(A = a_2)$ 都是真正可能实现的。

这个因果模型在物理上可行吗? 许多人的看法恰恰相反。显然,如果自然是决定性的,那么在不改变初始条件的情况下,在物理上干预($A = a_2$)是不可能的。在一个决定性的世界里,价值观被编码在大脑过程中,身体会自动执行更有价值的选项 $A = a_1$。在这个特定的情况下不可能有反事实的选择,量子理论的出现提出了物理非决定论的可能性。尽管关于量子理论的解释还没有达成共识,而且一些流行的解释是决定性的,但在一些解释中,自然被认为是真正非决定性的。人们普遍认为这种非决定论是随机出现的,因为随机性违反可理解性,所以量子随机性无法拯救自由意志。

然而,随机性并非是非决定论融入量子理论的唯一途径。非决定论的另一个来源是对测量对象的选择。这种选择被量子理论的创始人归因于科学家的自由意志。标准教科书中的非正式叙述也使用自由意志的语言来描述观察过程。因此,量子系统的行为以宏观上可区分的方式依赖于世界的一个方面,规范的理论对此没有发言权,但非正式的解释则归因于自由意志。后文中描述了如何选择在量子理论中观察什么,这为自由意志的解释提供了一个开端,满足了可选择性、可解性和起源性的所有属性。这种说法是否是世界运行方式的准确模型,目前仍是一个开放的科学问题。然而,这是其中一种可能性,值得开展理论和实证工作来评价其价值。

7.2　有效自由选择的量子解释

尽管量子理论的预测已被证实异常准确,但如何解释这个理论仍然处于激烈的争论之中。为了回避该争论,我们集中于一个具体的解释,将它看作基于物理学理论的有效的、自由选择的基础。具体来说,斯塔普认为,实在地解释冯·诺依曼对量子理论的数学形式化(von Numann,1955),为有意识的心智努力变得有效提供了一种方式,同时也保持了与量子理论在经验上完善的规则相一致(Stapp,2011,2017)。

为了说明斯塔普的解释如何能成为代理理论的基础,我将首先概述冯·诺依曼的公式。根据冯·诺依曼的观点,量子系统的状态有两种不同的方式可以随着时间而发生变化。第一种是通过薛定谔方程实现的决定论进化,当量子系统与环境相隔离时便会发生这种进化;第二种是被称为状态化简(State Reduction)的不连续变化,即系统瞬间改变为一组可能状态中的一个。如果给定一个化简之前的状态和化简的类型,那么量子理论便能指定每一个可能结果的概率。量子理论的概率预测已经被证实准确性极高,但量子理论还没有提供任何理论或规则来监控时间或还原类型。

因此,量子理论是动态变化的、不完整的。它指定了基于时间和化简类型的有条件的量子系统的行为,但不指定在什么时间应用哪些化简。从经验上来看,还原与科学家所做的测量有关,在这种测量中,量子系统与宏观测量设备相互作用,以产生可观察的结果。这种缺乏具体时间执行测量的理论被称为测量难题(Measurement Problem)。

量子理论的奠基人强调测量的选择应该归因于科学家的自由选择。类似地,量子理论相关教科书中描述测量的非正式语言将测量与实验者所做的选择联系起来,但缺乏基本的测量理论仍令人不安。这种将观察者嵌入量子理论的基本表述的做法,使得物理学家很难选择站在物理与心智边界上他们喜欢的那一边(Rosenblum,Kuttner,2011),并由此产生了以独立于观察者的方式构建量子理论的尝试,但迄今为止都没有完全成功。

测量发生的实验室和实验人员的身体是物理系统,因此应该受到量子理论的支配。为了探索这个想法,冯·诺依曼试图在一个由被测系统和被测系统组成的更大的系统中检查测量难题。设想一个由微观量子系统 Q、宏观测量装置 M 和观察科学家 O 组成的整个系统 T。通常的处理方法是在 Q 和整个宏观世界之间设置一个边界,即 $T=[Q \parallel M+O]$。在边界被测量的一边是 Q,用量子理论的语言描述,而在测量的一边是 $M+O$,用经典语言描述。此外,冯·诺依曼建议,我们可以移动边界,使得 M 成为被测系统的一部分,得到 $T=[Q+M \parallel O]$。我们称 O 能检验 M 的读出,M 与 Q 的相应状态耦合。接下来,我们可以把边界移到观察者的视网膜上,让光子从测量设备上反弹到视网膜上。观察者 O 分解为 $R+O'$,则得到 $T=[Q+M+R \parallel O']$。设备 M 和视网膜 R 耦合到 Q,O' 观察 R 的状态对应于 Q 的还原后状态。由此可以进一步向内移动到视神经 N 和接收视神经信号的脑细胞 B,得到 $T=[Q+M+R+N \parallel O'']$ 和 $T=[Q+M+R+N+B \parallel O''']$。在每一种情况下,用经典语言描述的测量系统,都不属于量子理论。但是冯·诺依曼认为,在任何情况下,无论我们计算的距离有多远,在某些时候,我们必须承认这是可以被观察者所觉察到的。边界在某种程度上可能是任意的,但只要这个方法不是空洞地进行下去,也就是说,如果比较实验是可能的,世界就必然被划分为观察者和被观察者(von Neumann,1955)。只要被测系统在不与被测系统交互的情况下进行,被测系统就会按照确定性的薛定谔方程进行演化。然而,当系统与观察者交互时,演化会发生减少。

边界的最终位置 $T=[Q+M+R+N+B \parallel O''']$ 将整个物理世界移到了被测系统的一边,只留下了冯·诺依曼在观察方面称之为观察者的"抽象自我" O'''。冯·诺依曼认为,观察者对测量结果的主观感知是(von Neumann,1955):

> ……一种相对于物理环境的新实体,不能简化为抽象自我。确实,主观感知将我们带入个人的知识内在生活,就其本质而言,这是一种超乎寻常的观察。

冯·诺依曼认为这个新的实体是"个人的内在生活",就像个人的身体和周围的环境一样,是世界的一部分,也是科学研究的有效对象。事实上,我们的内心生活可以说比身体更基础。毫无疑问，我们知道有内心世界的存在，但只是通过对外部世界的感知来了解它（von Neumann，1955）：

> ……事实上，经验只给出这类陈述：观察者作出了某种（主观的）观察，而非一个物理量就有一个确定的值。

斯塔普建议将冯·诺依曼的新实体的能力归因于其自身物理状态的某些部分。换句话说，斯塔普假设宇宙中存在着一种具有代理权的实体，而这种代理权通过还原开始运作。这些新实体可以称为还原剂（Laskey，2018a，2018b），启动还原到物理状态的某些部分，并感受它们启动还原的结果。斯塔普假设人类是一种还原剂，但很少提到自然界中可能存在的其他还原剂。

冯·诺依曼指出，有感知的大脑是一个物理系统，因此主观感知必须与大脑特有的物理状态相对应（von Neumann，1955）：

> ……这是科学观念的一个基本要求——所谓的心理-生理平行原则必须能够描述主观知觉的超物理过程，就好像它是真实存在于物质世界的一样，也就是说，将客观环境中的等效物理过程分配给它的各部分……

这表明大脑形成了对过去主观经历的表征，并允许我们对未来的经历做出预测。还原剂做出的选择是由大脑对周围世界的表征所决定的，而这些表征又受到感官输入和对过去经历的记忆的影响。

还原剂具有沃尔特有关自由意志的全部三种特性。可选择性是令人满意的，因为对于减少的时间和类型有多种选择；可理解性也令人满意，因为还原因子形成表征，做出预测，并选择其认为的最佳还原；起源性也令人满意，因为还原剂理论将还原的选择归因于还原剂。

假设宇宙中存在通过量子态还原来进行自由选择的个体，这便引发了一系列的问题：人类是唯一的还原剂吗？如果不是，还有其他种类的还原剂吗？所有的量子态还原都是由还原剂引起的吗？如果不是，由还原剂所得到的还原与其他种类的还原有什么区别？所有的还原都与意识经验有关吗？在生命进化之前呢？那时有还原吗？它们是否与某种意识有关？目前，任何试图回答这些问题的尝试都是纯粹的猜测。在本章中，我只讨论如下假设：人类是一种还原剂，拥有自由意志，因为人类有能力启动大脑相关部分的还原，所以意识可以引导我们的自由选择，带来我们想要的结果。这些假设目前仍是推测性的，但如下一节所示，它们与我们目前对物理学和神经科学的理解是一致的。目前还不知道还原剂假说最终是否会得到经验证据的证实，但它值得科学研究。

7.3　还原剂与神经科学

许多人认为,理解大脑和认知并不需要基于量子理论。神经科学的研究已经帮助我们理解了意志行为运动控制的许多方面,如大脑中的神经元网络通过扩散激活来处理信息,并基于经典物理的扩散激活模型(Spreading Activation Models)在神经科学、机器人控制和机器学习方面进行了研究。大多数神经科学家认为,基于经典物理学的模型足以模拟所有的大脑过程,没有必要引入量子理论。

如果还原剂假说解释了人类的自由意志,那么人类还原剂就有可能以一种与神经生物学和生理学相一致的方式进行选择。斯塔普认可基于经典物理学的扩散激活模型足以为许多与认知、决策和运动控制相关的自动过程建模,但为意志建模还需要更多东西。斯塔普表示,当我们为自愿行为做准备时,大脑会启动一种被斯塔普称为"动作模板"(Template for Action)的神经活动模式(Stapp,2017)。执行一个动作模板会发出一系列神经脉冲,指示肌肉以特定的方式收缩,从而产生特有的身体动作。例如,如果你又热又渴,你的大脑可能会创建一个动作模板,使你伸手去拿一杯冷水,然后把它送进嘴里。动作的模板可以通过练习进行微调,达到不需要有意识的关注就能顺利执行的程度。扩散激活模型,如用于神经科学和机器人学中的激活模型,可以作为检索和启动动作模板的自动过程的适当模型。按照斯塔普的观点,量子理论进入的地方是一种自发的过程,在此过程中,有意识的大脑会遵循一个动作模板来指导其执行。詹姆斯认为,实现意志的关键是专注于一个困难的目标,并在脑海中牢牢地盯紧,因此,注意努力是意志的基本表现(James,2001)。量子理论就是在这种"注意努力"中发挥作用的。

斯塔普将詹姆斯式的"注意努力"(Effort of Attention)与一种本质上被称为量子芝诺效应的量子现象联系起来,通过对量子系统进行快速测量,可以减缓它的演化,实际上就是"冻结"了它(Misra,Sudarshan,1977)。量子芝诺效应已通过实验得到了证实(Patil et al.,2015)。快速的还原序列也可以用来驱动量子系统沿着想要的路径运行,这个过程被称为逆量子芝诺效应(Altenmüller,Schenzle,1993)。快速还原的效果基本上是量子的,但不需要系统与它的环境相隔离,因此可以在大脑中合理运作。

总之,斯塔普认为大脑中的信息处理在很大程度上近似于经典的扩散激活模型。意识的作用是控制减少的速度,这是詹姆斯式"注意努力"的物理表现。通过量子芝诺效应来集中注意力是自由意志在人类身上运作的一种假设。

这种对意志如何行动的解释，与里贝特的建议是一致的，即有意识的大脑行动可以确认或否定自动产生的行为。因为动作的模板是自动构建的，所以在意识到一个动作之前，大脑活动自然就会建立起来。想想上述例子，伸手去拿一杯水，这个过程在很大程度上是无意识的，有意识的注意提供感觉反馈和精细的运动指导。但若现在考虑到杯子里装的是含糖软饮料，而你决定要减少糖的摄入量时，在这种情况下，你可能会发现自己一开始会不假思索地伸手去拿杯子，然后努力集中注意力去打断这个自发行为。在这一点上，你可能会积极地将注意重新集中在打开水龙头接一杯水喝来解渴。通过这种方式，你正在用詹姆斯式的"注意努力"做出艰难的决定：放弃一种诱人的软饮料，而选择一种更健康的解渴替代品。

这种有意识行为的模式在生物学上是否可信？确切地说，这些量子效应可能发生在大脑的什么地方？有几位学者提出，大脑电磁场的分布性、非局域性使其成为意识轨迹的一个有吸引力的候选者（Pockett，2002；McFadden，2013）。麦克法登（McFadden）认为，意识体验涉及一个反馈回路，在这个回路中，神经元放电在大脑中产生内源性电磁场，反过来又会影响神经放电的速率和同步性。他指出，弗勒利希（Fröhlich）和麦考密克（McCormick）的实证研究支持同步放电和大脑电场之间的反馈（Fröhlich，McCormick，2010）。麦克法登的建议可能是基于意志行为的自动化方面的一种绝佳模型。倘若如此，詹姆斯式的"注意努力"如何发挥作用呢？

斯塔普和其他人认为，神经末梢的离子通道可能只是大脑中量子不确定性的位点（Stapp，2017；Schwartz et al.，2005；McFadden，2000）。施瓦茨（Schwartz）等人认为，钙离子通道足够小，量子力学的不确定性原理发挥了作用（Schwartz et al.，2005）。通过神经末梢的离子通道释放离子，影响了神经元放电的时间。离子通道中的量子不确定性可能对神经元放电的精确时间有重要意义。如果是这样，量子芝诺效应可能会被用来引导或中断神经元放电的同心性，从而影响大脑电磁场的强度。

如果没有经验的证实，这个假设当然只能被视为是临时的。然而，它提供了一个关于自由意志的解释，满足瓦格纳（Wagner）的三个定义性质，并与物理定律一致。至少在初步分析中，它对有意识地选择在生物大脑中如何有效运作的解释似乎与神经科学是一致的。因此，这一理论是一个存在的证明，即当今科学无法排除非虚幻的自由选择的存在。考虑到这个问题的重要性以及许多人对怀疑自由意志的社会后果所表达的担忧，承认这个存在的证据极为重要。应对其进行研究，弄清这一理论的含义，并设计出实证检验。

拉斯基曾提出一条对这一有效的有意识选择理论进行经验评估的路径（Laskey，2018a，2018b）。而在此前，他也曾提出一个简单的可精确求解的模型，使量子芝诺效应可以在与神经科学相一致的时间、空间和能量尺度上运作（Stapp，2017）。基于这一想法,量子效应可以加入计算神经科学中常用的模型中。例如,在弗勒利希和麦考密克的模型中,可以通过在离子通道中加入量子不确定性来进行扩展(Fröhlich,McCormick,2010)。因为大脑可以被模拟成一个接近经典的随机过程,这种模拟的计算复杂度应该与经典神经网络模拟的复杂度相同。可以在模型上进行计算实验,以研究在具有生物真实参数设置的模型中,调整还原速率是否会导致宏观上的同步性差异。如果成功了,则这种模拟可以与实验室中的实验交叉进行,以调查模型的预测是否可以在实验室得到证实。

7.4 结　　论

有关自由意志的研究很少会质疑潜在的形而上学的机械唯物主义的假设,一般将其视为成熟的科学。本章中沃尔特从可选择性、可理解性和起源性等特性描述了自由意志(Walter,2009)。他认为,在最有力的解释下,这三个特性是不一致的。他的有力解释并不符合自由意志的直觉概念,自由意志是一种根据理性分析做出选择的能力,而非必须要这样做。斯塔普对量子理论的实在解释满足了对沃尔特所述特性的不那么严格的解释,并以一种完全符合物理定律的方式运作为自由意志提供了一个契机。斯塔普假定自然界存在一种新的实体,这些被拉斯基称为还原剂的新实体,能够在尚未确定的物理极限内,选择何时开始将量子态还原到其物理状态的某些部分。还原剂则被认为是冯·诺依曼的"新型实体",与"个体的智力内在生活"相关联。在斯塔普的有效的有意识选择模型中,大脑通过一个过程构建了一个行动模板,该过程可以非常接近经典的随机神经网络模型。量子理论是通过应用詹姆斯式注意密度(Jamesian Attention Density)进入的,詹姆斯式的注意密度利用量子芝诺效应,将所需的动作模板保持在适当位置的时间比保持在其他位置的时间要长。

有效的有意识选择的还原剂理论与公认的物理定律是一致的,但仍被视为是临时的,直到有足够经验证据证实或反驳它。无论这种代理理论被证明是正确的还是被证实为科学的死胡同,它内在的深刻含义都要求我们认真对待,以设计和测试它的合理性。评估该理论的途径之一是对神经网络模型进行模拟,其中量子芝诺效应作用于加强或中断神经动作模板的执行,并进行计算实验,以评估不同的注意力密度设置是否会在神经科学中使用合理的参数设置以实现宏观上可区分的行为差异。如果成功了,该理论可以通过将预测与实验室实验进行比较,并调整模型使其更符合实际的过程来加以改进。

参 考 文 献

ALTENMÜLLER T P，SCHENZLE A，1993. Dynamics by measurement：Aharonov's inverse quantum Zeno effect[J]. Physical Review：A, Atomic，Molecular，and Optical Physics，48(1)：70-79.

BARGH J A，2014. How unconscious thought and perception affect our every waking moment[J]. Scientific American，310：30-37.

BAUMEISTER R F，BREWER L E，2012. Believing versus disbelieving in free will：Correlates and consequences[J]. Social and Personality Psychology Compass，6(10)：736-745.

CAVE S，2016. There's no such thing as free will[EB/OL].[2018-08-23]. https://www.theatlantic.com/magazine/archive/2016/06/theres-no-such-thing-as-free-will/480750/.

DENNETT D C，1996. Facing backwards on the problem of consciousness[J]. Journal of Consciousness Studies，3(1)：4-6.

FRÖHLICH F，MCCORMICK D A，2010. Endogenous electric fields may guide neocortical network activity[J]. Neuron，67(1)：129-143.

HARRIS S，2012. Free will[M]. New York：Free Press.

JAMES W，1890. Principles of psychology[M]. New York：Dover Publications.

JAMES W，2001. Psychology：The briefer course[M]. Mineola：Dover Publications.

LASKEY K B，2018a. Acting in the world：A physical model of free choice[J]. Journal of Cognitive Science，19(2)：125-163.

LASKEY K B，2018b. A theory of physically embodied and causally effective agency[J]. Information，9(10)：249.

LAVAZZA A，2016. Free will and neuroscience：From explaining freedom away to new ways of operationalizing and measuring it[EB/OL].[2018-08-26]. https://www.ncbi.nlm.nih.gov/pmc/articles/PMC4887467/.

LAVAZZA A，DE CARO M，2010. Not so fast. On some bold neuroscientific claims concerning human agency[J]. Neuroethics，3(1)：23-41.

LAVAZZA A，INGLESE S，2015. Operationalizing and measuring (a kind of) free will (and responsibility). Towards a new framework for psychology，ethics，and law[J]. Rivista internazionale di Filosofia e Psicologia，6(1)：37-55.

LIBET B，1985. Unconscious cerebral initiative and the role of conscious will in voluntary action[J]. The Behavioral and Brain Sciences，8(4)：529-566.

LIBET B，WRIGHT E W J，FEINSTEIN B，et al.，1979. Subjective referral of the timing for a conscious sensory experience[J]. Brain，102：193-224.

LIBET B，GLEASON C A，WRIGHT E W，et al.，1983. Time of conscious intention to act in relation to onset of cerebral activity（readiness-potential）. The unconscious initiation of a freely voluntary act[J]. Brain：A Journal of Neurology，106(3)：623-642.

MARTIN N D，RIGONI D，VOHS K D，2017. Free will beliefs predict attitudes toward unethical behavior and criminal punishment[J]. Proceedings of the National Academy of Sciences，114(28)：7325-7330.

MCFADDEN J，2000. Quantum evolution[M]. New York：Norton.

MCFADDEN J，2013. The CEMI field theory closing the loop[J]. Journal of Consciousness Studies，20(1-2)：1-2.

MELE A R，2009. Effective intentions：The power of conscious will[M]. Oxford：Oxford University Press.

MISRA B，SUDARSHAN E C G，1977. The Zeno's paradox in quantum theory[J]. Journal of Mathematical Physics，18：756-763.

MONROE A E，MALLE B F，2010. From uncaused will to conscious choice：The need to study，not speculate about people's folk concept of free will[J]. Review of Philosophy and Psychology，1(2)：211-224.

MONROE A E，BRADY G L，MALLE B F，2017. This isn't the free will worth looking for：General free will beliefs do not influence moral judgments，agent-specific choice ascriptions do[J]. Social Psychological and Personality Science，8(2)：191-199.

NICHOLS S，KNOBE J，2007. Moral responsibility and determinism：The cognitive science of folk intuitions[J]. Noûs，41(4)：663-685.

PATIL Y S，CHAKRAM S，VENGALATTORE M，2015. Measurement-induced localization of an ultracold lattice gas[J]. Physical Review Letters，115(14)：140402.

PEARL J，2009. Causality：Models，reasoning，and inference[M]. 2nd ed. New York：Cambridge University Press.

PEARL J，MACKENZIE D，2018. The book of why：The new science of cause and effect[M]. New York：Basic Books.

POCKETT S，2002. On subjective back-referral and how long it takes to become conscious of a stimulus：A reinterpretation of Libet's data[J]. Consciousness and Cognition，11(2)：141-161.

ROSENBLUM B，KUTTNER F，2011. Quantum enigma：Physics encounters consciousness[M]. 2nd ed. Oxford：Oxford University Press.

SCHWARTZ J M，STAPP H P，BEAUREGARD M，2005. Quantum physics in neuroscience and psychology：A new model with respect to mind/brain interaction[J]. Philosophical Transactions of the

Royal Society: B, 360(1458): 1309-1327.

SMILANSKY S, 2000. Free will and illusion[M]. Oxford: Oxford University Press.

STAPP H P, 2011. Mindful universe: Quantum mechanics and the participating observer[M]. 2nd Ed. New York: Springer.

STAPP H P, 2017. Quantum theory and free will: How mental intentions translate into bodily actions [M]. New York: Springer.

STILLMAN T F, BAUMEISTER R F, MELE A R, 2011. Free will in everyday life: Autobiographical accounts of free and unfree actions[J]. Philosophical Psychology, 24(3): 381-394.

VON NEUMANN J, 1955. Mathematical foundations of quantum mechanics[M]. Princeton: Princeton University Press.

WAGNER D M, 2003. The illusion of conscious will[M]. Cambridge: Bradford Books.

WALTER H, 2009. Neurophilosophy of free will: From libertarian illusions to a concept of natural autonomy[M]. Cambridge: MIT Press.

第 8 章

心智的玻姆哲学

彼得·J.刘易斯(Peter J. Lewis)①

8.1 引　　言

　　玻姆理论在许多方面都是量子力学中有关测量难题的有力解决方案,它为不断受干扰和纠缠的独特的量子现象提供了直观的解释,且无需任何烦琐的波函数的"坍缩",但它却面临着几个严峻的挑战。首先,波函数"推动"玻姆粒子的动力学定律显然是非定域的,这与狭义相对论的精神相违背(Bell,1987);其次,玻姆粒子可以看作埃弗里特(Everettian)解决测量难题背景下的一种冗余(Brown,Wallace,2005);最后,对测量难题的玻姆式解决方案显然依赖于对心智意识的一种难以置信且有问题的解释(Stone,1994;

---

①　彼得·J.刘易斯是美国达特茅斯学院的哲学教授,研究兴趣集中于物理学哲学、科学哲学、认识论、形而上学等。

Brown,Wallace,2005)。

我不想低估前两个挑战的重要性,因为它们对玻姆理论的可行性构成了严重威胁。但我认为,第三个挑战中玻姆粒子对测量结果的编码方式令人混淆。本章特别关注的是回应斯通(Stone)、布朗(Brown)和华莱士(Wallace)的"指控",他们认为玻姆理论需要对我们大脑中玻姆粒子的位置有一种神秘的直接意识(Stone,1994;Brown,Wallace,2005),并且布朗和华莱士还声称,这种直接的意识威胁到了量子无信号定理。

8.2　反对玻姆的例子

本章想讨论的批判背景是杜尔(Dürr)、戈尔茨坦(Goldstein)和赞吉(Zanghì)有关玻姆理论的一个有影响力的讨论。杜尔等人得出了一个他们称为"绝对不确定"的结果,该结果表明量子平衡假设 $\rho = |\psi|^2$ 传达了关于子系统当前配置的最详细的知识。玻姆粒子的构型能被精确定义,所以找到粒子的构型似乎很有可能。杜尔等人的"绝对不确定"结果显然表明,我们无法找到答案,即任何基于当前或未来技术的设备都无法提供相应的知识。在玻姆的世界里,这种知识是绝对无法获得的(Dürr et al.,1992)。我们能做的就是将概率分布 ρ 分配给平方波函数振幅 $|\psi|^2$ 所给出的可能的粒子构型。

杜尔等人打算将这一结果作为对玻姆理论的辩护,而不是批评。事实上,根据玻恩规则(Born Rule),玻姆理论的经验足够充分的核心是粒子结构的概率分布为 $|\psi|^2$。然而,粒子结构知识的"绝对不可获得性"是玻姆理论一再遭到反对的根源。

这一反对意见最初来自斯通,他认为玻姆粒子的结构不包含任何信息。当然,从某种意义上说,玻姆粒子构型确实包含了一定信息,即系统中每个粒子的三个坐标的精确值。但是,如果我们把"信息"看作"可获得的信息",那么可以说杜尔等人的结果表明波函数分布之上的玻姆粒子构型未包含任何信息,因为这个结果似乎暗示了无法找到比 $|\psi|^2$ 更精确的粒子结构。所以,斯通得出的结论是我们永远无法用经验主义的方式在玻姆轨迹的众多有竞争力的解释中做出决定(Stone,1994)。由于了解到这么多可能的玻姆轨迹中有一条是玻姆解决测量难题的实际核心,斯通因此得出结论,玻姆的理论无法解决测量难题。

值得注意的是,杜尔等人的结果包含了观察者不是系统的一部分的警告。在一个脚注中,他们对这个例外进行了扩展,称在一种情况下,即当自己是系统的一部分时,我们对构型的了解可能比量子平衡假说 $\rho = |\psi|$ 所传达的信息还要多(Dürr et al.,1992)。对

此,斯通认为这意味着尽管永远无法详细了解外部系统的构型状态,我们仍然可以知道自己的粒子结构,或者说掌握属于自己的知识(Stone,1994)。在这里,我们得到的第一个建议是,玻姆理论需要对心智意识进行独特的解释——直接意识到大脑中的粒子构型可以绕过对粒子构型的限制,从而为玻姆理论解决测量难题提供了一条途径。

斯通反对上述这一建议,他对什么样的大脑过程中的物理模型可能达成这一说法的基础产生疑问,并假设大脑中的一个神经元是"系统",而另一个神经元是"环境"的一部分,因为"环境"不包含关于"系统"配置的信息(超出了它的波函数),所以他认为,无论这个神经元在它的粒子结构中储存了什么知识,对大脑的其他部分来说都是"绝对无法获得的"(Stone,1994)。也就是说,杜尔等人的研究结果表明,大脑的某个部分对粒子结构的任何"直接意识",都无法被大脑的其他部分完全获取。斯通认为任何这种封闭的"意识",原则上都不能发挥出真正意识在指导信仰和行动方面的功能,而这显然是正确的。

因此,无论是否有直接意识的例外,斯通的结论都是玻姆理论无法解决测量难题。但这种批评正确吗?莫德林对斯通的攻击提出了异议,他认为,针对斯通的抱怨,最明显的答案是没有人证明在玻姆的理论中,粒子的位置不能存储关于其他粒子位置的信息,只是在测量开始时,粒子在环境中的位置所储存的关于被测系统中粒子的信息并没有比有效波函数所反映得更多(Maudlin,1995)。也就是说,莫德林指责斯通曲解了杜尔等人的结果,将测量前查明粒子位置的禁令解读为绝对禁止。

那么,莫德林认为我们应如何找到玻姆粒子的位置呢?他认为,如果想了解更多,就要将系统耦合到一个测量装置上,该装置将被测量系统中粒子的位置与测量系统中粒子的位置联系起来。如果想找出这些粒子的位置,想知道测量设备发生了什么(如指针的方向),则可以通过观察,从而将大脑中粒子的位置与指针的位置联系起来。由此可获得关于玻姆粒子结构的信息,即如果让大脑状态与先前未知的外部条件相关联后也无法获得关于世界的信息,那就什么信息也没有了(Maudlin,1995)。

莫德林的结论是玻姆理论完全解决了测量难题,且毫无保留。但并不是每个人都相信这一点,毕竟对于斯通所担心的粒子位置可及性问题,莫德林的解决方案是坚持可以通过其他粒子的位置来了解它们;但如果一般的粒子位置无法访问,就无济于事了。所以,也许正是我们大脑中的粒子位置在起作用,才让我们得以了解这一切。

布朗和华莱士称,莫德林似乎理所当然地认为,意识感知直接且完全发生在与大脑相关的(某些)小体的构造上。但为什么可以直接意识到大脑某些部分的粒子结构呢?这似乎回到了斯通的担忧,即这种"意识"对大脑的其他部分来说是无法获取的。此外,该理论似乎让我们假设意识是某种赤裸的物理属性(如电荷),这使得意识完全脱离了许多植根于对大脑研究的假设。最终,如果能够以比波函数定义的更高的精度"了解"大脑中小体的结构,则原则上可能会违反无信号定理(Brown,Wallace,2005)。

总之,针对玻姆理论的批判要点是:解决测量难题的关键在于,玻姆粒子的位置通常是不可知的。事实上,我们了解它们的唯一方式可能是通过我们大脑中的直接意识。但这是对意识本质的非正统且极不可信的解释,而且它威胁到了对协调量子力学和狭义相对论很重要的无信号定理。

8.3　如何发送超光速信号

让我们更为仔细地探讨最后一点。为什么了解玻姆粒子的结构就可以发送超光速信号很重要? 可假设有两个自旋 $1/2$ 粒子在纠缠态 $2^{-1/2}(|\uparrow\rangle_A|\downarrow\rangle_B - |\downarrow\rangle_A|\uparrow\rangle_B)$ 的情况。假设爱丽丝(Alice)选取粒子 A,鲍勃(Bob)选取粒子 B,他们分别在类空间分离的位置对各自的粒子进行自旋测量。正如贝尔所指出的,测量结果将会显示出相关性,这是不能用定位单个粒子的局部固有特性来解释的(Bell,1987)。量子纠缠似乎将我们卷入某种非定域性或不可分离性或整体性的状态中——无论相距多远,两个粒子之间都存在"直接联系"。

然而,根据标准量子力学可以证明,爱丽丝对粒子做的任何事都不能用来向鲍勃发送信号。这一点很重要,因为它暗示了量子力学和狭义相对论和平共存的可能性:虽然类空间分离事件之间的"直接联系"可能与狭义相对论相矛盾,但如果没有超光速信号,就没有证据证明这完全违反狭义相对论。

只要玻姆理论在经验上等同于标准量子力学,就相当于保留了无信号定理。因此,只要爱丽丝对粒子的了解不超过玻恩规则所规定的范畴,那么她就无法向鲍勃发送信号。但假设爱丽丝能比 $|\psi|^2$ 更精确地知道粒子在波包中的位置,那么她就能发送信号。

要了解这是如何实现的,需考虑当对爱丽丝和鲍勃进行测量时,系统的状态是如何演变的。测量粒子自旋最简单的方法是让粒子通过一个沿选定轴线方向不均匀的磁场,然后进入一个有触点就会亮起来的荧光屏。如果爱丽丝和鲍勃将他们的磁体定向在同一个方向上,如沿着 z 轴,则测量结果可以用图 8.1 来表示。对于粒子系统而言,波函数在六维构型空间中,但为了便于绘图,可以将注意力集中在垂直绘制的爱丽丝粒子的 z 坐标上,以及水平绘制的鲍勃粒子的 z 坐标上。圆圈代表结构空间中波函数振幅较大的区域,点代表两个玻姆粒子的位置。

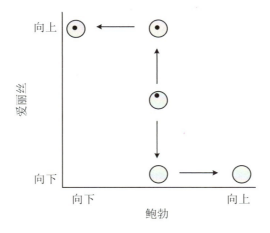

図 8.1 纠缠粒子的自旋测量

可以假设在一个参考系中,爱丽丝的测量先发生。当她的波包通过磁场时,自旋可以分成两个部分:向上旋转的波包和向下旋转的波包。玻姆粒子遵循哪一个分量取决于它的初始位置:如果它在爱丽丝 z 坐标中初始波包的中点以上,它就向上移动,反之则向下移动[①]。

现在鲍勃让波包通过磁场。考虑到原始状态的纠缠性,爱丽丝粒子的波包自旋向上,鲍勃粒子的波包自旋向下,反之亦然。因此,波包在配置空间中不会进一步分裂:在爱丽丝的 z 坐标中向上偏转的波包在鲍勃的 z 坐标中向下偏转,反之亦然。玻姆粒子随其所占据的波包一起携带。因此,如果爱丽丝的粒子在初始波包中点以上(如图 8.1 所示),那么爱丽丝的测量结果为"自旋向上",鲍勃的测量结果则为"自旋向下"。

那么,爱丽丝将测量装置旋转 180° 会发生什么呢?现在爱丽丝波包的自旋向上的分量向下移动,而自旋向下的分量向上移动。但和前面一样,如果玻姆粒子在爱丽丝 z 坐标中初始波包的中点以上,它就向上移动,否则它就向下移动[②]。当鲍勃让波包穿过磁场时,爱丽丝的 z 坐标中向上偏转的波包在鲍勃的 z 坐标中向下偏转,反之亦然,玻姆粒子也随之偏转。因此,如果爱丽丝的粒子在初始波包中点以上(如图 8.2 所示),那么爱丽丝的测量结果为自旋向下,鲍勃的测量结果为自旋向上。

---

① 对于单个粒子来说,如果不这样运动,则从中点以下和中点以上开始的玻姆轨迹会相交,而相交轨迹在决定论中是被禁止的。对于六维构型空间中的两个粒子来说,轨迹相交的危险是不存在的,且与鲍勃粒子对应的额外自由度及爱丽丝粒子的运动无关。

② 和前述一致。

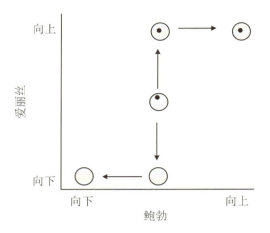

图 8.2　爱丽丝旋转测量装置后的状态

　　此时应注意,对于相同的初始状态(波包加玻姆粒子位置),测量结果取决于爱丽丝的测量装置的方向。在一种向上的方式中,爱丽丝"自旋向上",鲍勃"自旋向下"。在另一种向上的方式中,爱丽丝"自旋向下",鲍勃"自旋向上"。这是玻姆理论中关于自旋的背景说明,即自旋测量的结果取决于如何测量自旋。但是如果爱丽丝能比 $|\psi|^2$ 更精确地定位她的粒子,那么爱丽丝就可以向鲍勃发送超光速信号,她所要做的就是观察她的粒子是在波包的中点之上还是之下。如果在中点以上,那么为了向鲍勃发送"自旋向上"的信号,她就应该旋转她的测量装置;若为了发送"自旋向下"的信号,则她应保持现状。如果她的粒子在中点以下,她就会相应地改变策略。

　　不过,也许爱丽丝只能直接意识到自己大脑中粒子的位置。即便如此,如果上述实验中爱丽丝的粒子以相应的方式嵌入她的大脑中,那就可以利用自己对粒子位置的直接感知向鲍勃发送信号。也就是说,如果布朗和华莱士是正确的,那么对玻姆粒子位置的直接感知便威胁到了"无信号定理",从而也威胁到了量子力学和狭义相对论和平共存的可能性。

8.4　意识如同红鲱鱼

　　斯通、布朗和华莱士都曾认为,有种方式会让直接意识变得异常,即允许人们直接

知道玻姆粒子的位置。虽然没有其他物理过程能比$|\psi|^2$更精确地定位玻姆粒子,但这就威胁到了关于心智本质的标准假设(Stone,1994;Brown,Wallace,2005)。如果心智是物理上的实例化,那么它们如何能以其他物理系统无法做到的方式运作呢?特别是,嵌在爱丽丝大脑中的粒子如何被用来发送超光速信号,而她大脑外的类似装置却做不到呢?这一切看起来绝对令人毛骨悚然。

然而,我认为爱丽丝直接意识到的所有这些都是在分散注意力。与斯通相反,玻姆粒子的位置可以对测量结果的可获得信息进行编码,这在某种意义上来说是非常直接的。与布朗和华莱士不同的是,获取这些信息的能力并不会让一个系统(或一个人)有能力发送超光速信号。

让我们从头开始捋一遍。玻姆粒子先对可通达的信息进行编码。正如前面提到的,玻姆粒子结构包含了波函数中所不包含的信息。考虑图8.1中玻姆粒子的初始位置,波函数在爱丽丝和鲍勃的 z 坐标中点是完全对称的,但是粒子的结构打破了这种对称性。此外,粒子的结构可以预测自旋测量的结果,如果爱丽丝的粒子在她的 z 坐标中点以上,则爱丽丝自旋向上,鲍勃自旋向下;而如果粒子在中点以下,则爱丽丝自旋向下,鲍勃自旋向上。那么,在测量的最后,粒子的结构就是完美的指标,甚至可以说是由结果组成的。

因此,很明显粒子构型包含了有关测量结果的信息,这些信息可以通过测量获得。但为什么不这么认为呢?这其中可能会有很多担忧。

首先,上面的故事取决于爱丽丝在鲍勃之前进行测量,但考虑到测量位置是像空间一样分开的,根据狭义相对论,没有关于先进行哪一种测量的事实。这是对玻姆理论的一个完全合理的批评,即理论的动力学显然是非局域的,并且需要一个绝对的同时性标准来明确定义。但是如果满足了玻姆动力学的前提条件,那么爱丽丝的测量先出现就是有意义的。

其次,上面的故事与爱丽丝测量装置的方向有关,如果她旋转装置180°,粒子构型便包含不同的测量结果信息。这是玻姆理论中除了位置之外的著名属性情境的一种表达:自旋不是一个粒子的固有属性,而只是由相对于测量环境来定义的。即使如此,假定了这种互文性,粒子构型就包含了关于互文性定义的粒子自旋属性的可通达信息。

最后,也是目前最重要的问题。可能会有人反对说,上面的故事回避了这个问题,因为它假设在测量结束时粒子构型是可获得的。难道杜尔等人的"绝对不确定性"结果无法表明粒子构型的知识是"绝对无法获得的"吗?我们可以将过程讲得更详细些,但反对意见也会再次出现。如果粒子通过将它们放入荧光屏来进行检测,那么测量到的自旋1/2粒子的位置就会反映在碰撞点激发态原子中电子的位置上。如果检测到来自激发原子的光,则光子检测显示器中粒子的位置将反映出所测得的自旋1/2粒子的位置。在每一个阶段,原始玻姆粒子的位置与环境中越来越多的玻姆粒子的位置有关。但如果无法得到玻姆粒子的位置,这些又有什么帮助呢?

我认为,答案诉诸功能主义。原始粒子的自旋与粒子在光子探测器中的位置有关,这些粒子的位置可以反过来以任意方式控制进一步的物理系统。也就是说,光子探测器中的玻姆粒子可以访问原始粒子的自旋,以任何合理的功能特征来访问物理世界的某个方面。

这基本上也是莫德林的见解,但莫德林无意中通过将故事与观察者大脑中的粒子联系起来,把水搅浑了。反之,布朗和华莱士得出结论:莫德林正在呼吁人们对直接意识进行一些特殊说明(Brown,Wallace,2005)。但正如我希望在这里说明的,没有必要提到大脑或意识:原则上任何系统都可以访问粒子的自旋,并用它来控制其他系统。

然而,功能主义的吸引力在于,这种背景是一把双刃剑。布朗和华莱士的主要论点是波函数可以执行玻姆粒子结构能执行的所有功能,因此玻姆粒子是多余的。当然,不同之处在于,玻姆粒子的结构选择了自旋测量的一个结果,而波函数在所有可能的结果之间是对称的。但是,如果一个埃弗里特主义的或多世界的测量难题的解决方案站得住脚,那么玻姆粒子构型可以说毫无增色。

如前所述,我并不是要否定这种冗余的论点。如果有回应,那么埃弗里特主义的解决测量难题的方法可能是不成立的(Callender,2010)。但就目前而言,我的观点是,撇开冗余和非局域性的考虑,不存在关于玻姆粒子可及性的额外问题。

那么杜尔等人的"绝对不确定性"结果是什么呢?这里的关键是,正如莫德林正确指出的那样,当杜尔等人认为没有比 $\rho = |\psi|^2$ 更精确的粒子构型时,ψ 是有效波函数。有效波函数是与我们关注的波函数相关的已知分量。考虑到对玻姆粒子构型的了解,在玻姆理论的背景下,有效波函数是我们所关注的相关的波函数的组成部分。

再回头看看爱丽丝的自旋测量。根据玻姆理论,波函数永远不会坍缩,所以世界的量子态将会非常复杂。但考虑到退相干的影响,这种状态会自然地分解成许多分支,其中大多数与包含玻姆粒子的分支的行为无关。如果实验设置正确,包含玻姆粒子的分支将以我们所研究的纠缠波包的形式出现,这是测量开始时的有效波函数。杜尔等人的发现表明,在测量开始时,爱丽丝对玻姆粒子构型的了解不多,只知道它有一个由这个有效波函数的绝对平方给出的概率分布。

但是,在测量的最后,莫德林又一次不经意地搅乱了局面。他强调杜尔等人的结果适用于测量开始时的爱丽丝,这可能是在暗示一些读者,在测量结束时可以知道粒子的结构比用有效波函数的平方给出的更精确。事实上,莫德林认为,如果想了解更多,可以将系统与测量设备连接起来;如果想知道测量装置发生了什么(如指针朝哪个方向),那就观察它,从而将大脑中粒子的位置与指针的位置联系起来(Maudlin,1995)。这可能在无意中暗示,大脑中的粒子在让我们了解比有效波函数的平方更多的东西上有着特殊的作用。

当然,测量结束时我们了解的肯定比开始时多。但关键的一点是杜尔等人的结果在测量结束时同样适用,只是有效波函数发生了变化。当爱丽丝得知她的测量结果是自旋上升且玻姆粒子与自旋下降波包无关,她便可以忽略它。也就是说,有效波函数从整个纠缠态变成了纠缠态的一项。

爱丽丝了解的是否比波函数中剩下这一项的波振幅的平方还多呢? 这也许取决于她定位粒子时测量的准确性。如果她执行了一个非常粗略的位置测量,只区分了向上自旋和向下自旋,则仅此而已。在这种情况下,测量后的有效波函数就是自旋项。若位置测量更准确,则在这种情况下,测量后的有效波函数的局限性更强。关键是没有一种测量是完全准确的,无论最终的有效波函数被定位得多么紧密,爱丽丝有关玻姆粒子位置的知识将根据这个有效波函数的平方进行分布。

因此,杜尔等人的结果既适用于测量之前,也适用于测量之后,并且在任何情况下都不能排除对玻姆粒子构型的了解。这样看来,结果可能微不足道,因为测量后的有效波函数反映了你所知道的玻姆粒子构型。根据定义,除此之外,无法更准确地了解构型。但这仍然是一个重要的结果,它表明玻姆理论是一致的。波函数在玻姆的理论中扮演着一个特殊的双重角色:一个是推动粒子的动力学角色,另一个是反映我们对粒子构型的认识的角色。重要的是,这些角色总是一致的,杜尔等人的结论也表明确实如此。从动态的角度而言,波函数的相关部分也就是根据人们所知的 $\rho = |\psi|^2$ 分布的粒子构型的部分。

不过,杜尔等人还是被骗了。玻姆粒子构型的知识并不是“绝对无法获得”的。事实上,通过一个简单的位置测量就可以很容易地获得粒子构型的知识。也许他们的意思是,没有一种测量是完全准确的,所以人们永远不可能以完美的精度了解玻姆粒子的结构。这并不奇怪,因为经典粒子的构型也是如此。

同样,杜尔等人也错误地认为,他们关于大脑中粒子的知识存在例外。正如斯通所指出的那样,要将这种自我意识算作知识,大脑的其他部分就必须能够接触到这种自我意识,且对这一过程的任何物理解释都将取决于杜尔等人的结果。无论通过这个过程在大脑中发现了哪些关于玻姆粒子的构型的知识,也永远达不到完美的精度,有效波函数的平方振幅将给出可能的粒子构型的概率分布,即波函数给出了你所发现的一切。

没有例外对玻姆理论来说是个好消息,因为这样就避免了斯通、布朗和华莱士针对例外的批评。玻姆理论不需要对你自己的大脑状态有任何特殊的认识,但你可以在大脑内部和外部以任何可行的精度找出关于玻姆粒子的结构。那么,布朗和华莱士认为这些知识可以让人发出超光速信号的进一步论点是什么呢?

8.5　无　信　号

那么,爱丽丝需要做什么才能发送超光速信号呢?她需要找出玻姆粒子相对于她的波包的位置,并相应地设置她的测量装置。如上所述,只需要执行相关的测量,她就完全有可能找出玻姆粒子的位置是在波包中点之上还是之下。在这种情况下,相关的测量方法是让波包通过磁场,然后检测粒子是向上还是向下移动。如果它向上移动,那么她就能知道它位于中点以上。

但到了这个阶段,根据粒子的初始位置再来设置她的测量装置就太晚了,她已经测量过她的粒子,并在测量的过程中使它从初始位置移动。换句话说,为了发送超光速信号,爱丽丝必须在到达那个位置之前便对粒子的位置采取行动。简单来说,爱丽丝做不到这一点,即使她能很好地找出她的粒子的位置,并且达到任何可行的精度。她有能力找出玻姆粒子结构,但却无法发出超光速信号。

8.6　结　　论

斯通认为玻姆理论并不能解决测量难题,因为杜尔等人的发现意味着永远找不到玻姆粒子的结构,除非能了解自己大脑状态的某种难以置信的直接意识。尽管杜尔等人的一些修辞暗示了这一点,但是斯通的论点是基于对杜尔等人发现的错误解读。莫德林准确地指出了斯通的错误,但他也提出粒子构型的过程对大脑状态的意识具有某种特殊的作用。我希望在这里表明,找出玻姆粒子构型没有什么特别的问题,获得此类信息也不会与杜尔等人的结果相冲突,也不需要任何特殊的角色来直接感知自己的大脑状态。最后,正如布朗和华莱士所主张的那样,玻姆粒子的结构并不被允许发送超光速信号。简而言之,玻姆理论为测量难题提供了一个非常直接的解决方案,并且它不需要任何特殊的心智意识。

参 考 文 献

BELL J S，1987．Speakable and unspeakable in quantum mechanics［M］．Cambridge：Cambridge University Press．

BROWN H，WALLACE D，2005．Solving the measurement problem：De Broglie-Bohm loses out to Everett［J］．Foundations of Physics，35：517-540．

CALLENDER C，2010．Discussion：The redundancy argument against Bohm's theory［Z］．Unpublished manuscript．

DÜRR D，GOLDSTEIN S，ZANGHÌ N，1992．Quantum equilibrium and the origin of absolute uncertainty［J］．Journal of Statistical Physics，67：843-907．

MAUDLIN T，1995．Why Bohm's theory solves the measurement problem［J］．Philosophy of Science，62：479-483．

STONE A，1994．Does Bohm's theory solve the measurement problem？［J］．Philosophy of Science，61：250-266．

第 9 章

心智与物质——两条纠缠的平行时间线：一条在记忆中重建过去，另一条在预测中推断未来

朱塞佩·维蒂埃洛(Giuseppe Vitiello)[①]

沃尔特·弗里曼(Walter Freeman)在他的实验室中观察到大量神经元会突然同时从一种复杂的活动模式转换为另一种，以响应最小的输入(Freeman,1991)。在他看来，这种行为是大脑灵活应对外部世界和产生新行为模式能力的基础，其中包含那些被认为是新想法的经验(Freeman,1991)。他还观察到，在相同条件下，同样的刺激激发了以同步调幅(Amplitude Modulated，简称 AM)锁相振荡方式组织的无数神经元，但却产生了不一样的神经振荡模式。这表明，大脑对外部刺激的反应基于自身的内部动态，刺激仅仅起到了触发器的作用。

在大脑新皮层的活动中，同步振荡的 AM 范围在几毫秒内形成，持续时间为 80～120

---

① 朱塞佩·维蒂埃洛是意大利萨勒诺大学与国家核物理研究所以及凯亚涅罗控制论研究所物理系教授，研究兴趣集中于量子力学、量子场论、心灵哲学等。

毫秒,载波频率为 12～80 赫兹(beta-gamma 频率段内)。它们通过一系列的相位变换,以帧速率在 theta-alpha 频率段内(3～12 赫兹)重新同步帧。这些振荡模式在人类的线性大小为 19 厘米的区域内延伸,在兔子和猫中覆盖了它们大脑半球的大部分,并且存在于与环境进行认知互动的被试中,或在休息时清醒的被试中;这种模式还被描述为个体在与环境的互动中有可调节的大脑背景活动的特性。无论是细胞外树突状电流的电场,还是来自树突状轴内部的高密度电流形成的较弱细胞外磁场,或是缓慢的化学扩散,似乎均无法对观察到的皮层集体活动进行全面解释(Capolupo et al.,2013;Freeman,2005;Freeman,Vitiello,2006)。

量子场论中存在自发的对称破缺。与此同时,在 20 世纪 60～80 年代的几十年里,物理学家们致力于基本粒子标准模型的基础研究和凝聚态物理中有序模式的形成问题,如超导体、铁磁体、晶体等系统(Blasone et al.,2011;Bogoliubov et al.,1975;Umezawa,1993)。可用的理论工具有量子场论(Quantum Field Theory,简称 QFT)体系、S-矩阵理论和群论。在 1928 年,旨在将量子力学(Quantum Mechanics,简称 QM)扩展到相对论物理领域的狄拉克方程(Dirac Equation)提出后不久,人们意识到狄拉克方程实际上是一个具有无穷多个自由度的系统的方程。因此,这不是电子的方程,而是电子场的方程。根据它们相同的定义,场具有无穷多个自由度。这一点与薛定谔方程相反,薛定谔方程描述了一个粒子,或多个粒子,但并不是无限多个粒子。当 QM 让位于 QFT 时,理论分析打开了新的视野,这使得我们有可能探索 QM 以前无法触及的领域。例如,这种范式革命性变化的一个关键方面与 QM 中的冯·诺依曼定理(von Neumann Theorem)有关,其说明了正则置换关系(Canonical Commutation Relations,简称 CCR),或逆置换关系(Canonical Anti-Commutation Relations,简称 CACR)的所有表征的酉等价性(von Neumann,1955)。有限自由度的定理基本假设对于场不成立,因此斯通-冯·诺依曼定理(Stone-von Neumann Theorem)在 QFT 中不成立。QFT 中存在无穷多个酉,即 CCR(或 CACR)的物理上的不等价表征。QFT 的丰富性和新颖性及其相对于 QM 的巨大差异,均源于这种精妙的数学特征(Blasone et al.,2011;Bogoliubov et al.,1975;Umezawa,1993)。

在 QM 中,酉的教条性使我们被限制在一个单一的表征(或一类等价的表征)中。在 QFT 中,这样的教条可能会被释放出来,它可以研究整个可能的物理不相等的动力机制或相位的流形。通过这些表征的关键过程,相变过程和系统可以在其中生存,也可以被研究。

例如,一组原子可能会留在原子气体相中或结晶相中。在这两种动力机制中,它们都是"相同的原子",但它们的动力学以不同的物理行为表现出来。基本自旋成分(如电子)的集合可以处于自旋气体或磁体的相中,以此类推。

化为物理或计算信息的现象性信息,那么,信息理论大概可以解释这种情况。无论这个问题是如何解决的,重要的是要考虑到,所有学科的理论家对"心智"的定义是不同的。在后续讨论中,有必要考虑现象意识和注意之间的分野。如前所述,在其他原因中,这种区别可能有助于阐明与注意和理性相关的心理过程的认知价值,以及与现象意识相关的心理过程的道德价值,但后者对于解释量子力学来说并不是必要的。

参 考 文 献

BLOCK N,1995. On a confusion about a function of consciousness[J]. Behavioral and Brain Sciences,18(2):227-247.

BRÜNTRUP G,JASKOLLA L,2017. Panpsychism:Contemporary perspectives[M]. New York:Oxford University Press.

CHALMERS D J,1995. Facing up to the problem of consciousness[J]. Journal of Consciousness Studies,2(3):200-219.

CHALMERS D J,1996. The conscious mind:In search of a fundamental theory[M]. New York:Oxford University Press.

CHALMERS D J,2018. The meta-problem of consciousness[J]. Journal of Consciousness Studies,25(9-10):6-61.

DE BARROS J A,MONTEMAYOR C,DE ASSIS L P G,2017. Contextuality in the integrated information theory[M]//DE BARROS J A,POTHOS E,COECKE B. Quantum interaction:10th International Conference. Cham:Springer.

FAIRWEATHER A,MONTEMAYOR C,2017. Knowledge,dexterity,and attention[M]. New York:Cambridge University Press.

GOFF P,2017. Consciousness and fundamental reality[M]. New York:Oxford University Press.

HALADJIAN H H,MONTEMAYOR C,2015. On the evolution of conscious attention[J]. Psychonomic Bulletin and Review,22(3):595-613.

HALADJIAN H H,MONTEMAYOR C,2016. Artificial consciousness and the consciousness-attention dissociation[J]. Consciousness and Cognition,45:210-225.

MERKER B,2007. Consciousness without a cerebral cortex:A challenge for neuroscience and medicine[J]. Behavioral and Brain Sciences,30(1):63-81.

MONTEMAYOR C,2016. Commentary on Stapp[M]//O'NUALLÁIN S. Dualism,platonism and voluntarism：Explorations at the quantum，mesoscopic and symbolic neural levels. Cambridge：Cambridge Scholars Publishing.

MONTEMAYOR C，2017. The problem of the base and the nature of information［J］. Journal of Consciousness Studies，24(9-10)：91-102.

MONTEMAYOR C，HALADJIAN H H，2015. Consciousness，attention，and conscious attention ［M］. Cambridge：MIT Press.

MONTEMAYOR C，HALADJIAN H H，2017. Perception and cognition are largely independent，but still affect each other in systematic ways：Arguments from evolution and the consciousness-attention dissociation［J］. Frontiers in Psychology，8：40.

MØRCH H H，2014. Panpsychism and causation：A new argument and a solution to the combination problem［D］. Ph. D. thesis，University of Oslo.

NAGEL T，1979. Panpsychism［M］//NAGEL T. Mortal Queastions. Cambridge：Cambridge University Press.

PAPINEAU D，2001. The rise of physicalism［M］//GILLETT C，LOEWER B M. Physicalism and its discontents. Cambridge：Cambridge University Press.

RUSSELL B，1927. The analysis of matter［M］. London：George Allen and Unwin.

STAPP H，1999. Attention，intention，and will in quantum physics［J］. Journal of Consciousness Studies，6(8/9)：143-164.

STAPP H，2007. Mindful universe［M］. Berlin：Springer.

STOLJAR D，2010. Physicalism［M］. New York：Routledge.

STRAWSON G，2003. Real materialism［M］//ANTONY L，HORNSTEIN N. Chomsky and his critics. Oxford：Blackwell.

TONONI G，BOLY M，MASSIMINI M，et al.，2016. Integrated information theory：From consciousness to its physical substrate［J］. Nature Reviews：Neuroscience，17：450-461.

WHITEHEAD A N，1933. Adventures of ideas［M］. New York：Macmillan.

第 14 章

量子理论与心智在因果秩序中的位置

帕沃 · 皮尔卡宁（Paavo Pylkkänen）[①]

14.1 引　　言

在物理主义思想哲学中，公认的观点认为因果关系只能发生在物理层面，因为世界上发生的一切最终都是由物理定律所决定的，而物理领域是因果封闭的（Sundström，Vassen，2017）。这意味着非物质实体不能产生任何物理效果。如果心智（无论是有意识的还是无意识的）被认为是非物质的，那么它就不会产生任何物理效应。我们最终得出以现象论结束，即心理属性存在，但对物理世界没有因果影响的观点。人们普遍认为，副

[①] 帕沃 · 皮尔卡宁是芬兰赫尔辛基大学哲学系高级讲师，研究兴趣集中于形而上学、心灵哲学、生物学哲学、认知科学哲学等。

现象论是一种令人不满意的观点,许多人试图回避它(Robb,Heil,2018)。在本章中,我将讨论挑战现有观点和保留心理因果关系的两种方法。

第一种观点是由因果反实体主义所提供的,这种观点认为因果关系不是世界的基本物理本体论的一部分。如果因果反实体主义是正确的,那么被接受的观点就是错误的。此外,有人认为因果实体主义与基本物理事实支撑着更高层次的因果事实,包括哪些涉及意识的观点是一致的(Blanchard,2016)。有意识的经历可以被看作决定未来事件的局部事件。

量子理论的本体论解释开辟了挑战现有观点的第二种途径(Bohm,Hiley,1987,1993)。这种解释表明,量子理论中的波函数描述了一种新型的包含主动信息的场,后者是组织物理粒子运动的基本的、因果的要素。玻姆指出,通过以一种自然的方式扩展量子本体论,可以展示心理属性是如何影响物质的(Bohm,1990)。如果玻姆的观点是正确的,那么被接受的观点要么是错误的,要么被接受的观点中"物理的"概念需要被扩展到包括活跃的信息和可能的心智或意识上(传统上通常被认为是非物理的实体)。

14.2 因果反实体主义

心灵哲学家和神经科学家通常认为,我们对物理领域因果关系的性质有着清晰的了解。但实际上,有一个古老的传统,可以追溯到罗素的因果反实体主义(Russell,1913),即认为因果观念在物理学如何表征世界方面无法发挥合理作用(Frisch,2012;Price,Corry,2007)。松德斯特伦(Sundström)和瓦森(Vassen)在最近的一次研讨会描述中已经简单总结了因果反实体主义(Sundström,Vassen,2017):

> ……因果概念不能在物理学中发挥作用,因为物理学的基本定律与因果定律根本不同。因果关系法通常描述局部事件如何决定其未来的事件,例如,因果关系法可以将吸烟与以后发生的癌症联系起来。相比之下,物理定律以时间对称的方式连接了整个物理实在:特定时间的整个宇宙状态等价地决定了宇宙的相对过去和未来。因此,将因果关系放在科学的更高层次上似乎是合理的,其中以时间导向的方式研究局部事件,如生物学和经济学。

因此,因果反实体主义的论点是因果关系并非世界基本物理本体论的一部分。如果这是真的,那就意味着因果关系不如通常所认为的那样重要。但如前所述,有人认为因果反实体主义与因果事实的存在是相容的,因果事实是建立在基本物理事实基础上的世界的非基本特征（Blanchard,2016；Cartwright,1979）。我认为涉及意识经验的因果事实也可以被视为这样的特征。这表明了一种观点，即意识经验可以被视为决定未来事件的局部事件，类似于生物学和经济学等特殊学科中的因果规律。物理学以及物理领域的因果封闭将不再是心理因果的障碍，相反，基本的物理事实现在将成为涉及意识经验的因果事实的基础①。

总结一下到目前为止的讨论可知，根据公认的物理主义观点，心理因果是没有影响力的，因为世界上的所有事情最终都由物理所决定，而物理本身是因果封闭的。相反，根据因果反实体主义的观点，物质世界不受任何因果关系支配。但仍然可以认为，基本的物理事实是更高层次的因果事实的基础，包括那些涉及意识的事实。有意识的经历可以被看作决定未来事件的局部事件，即心理因果是可能发生的。

这结果令人难以置信吗？的确，如果因果反实体主义得到了适当的解释，那便在某种意义上暗示了心理上的因果关系，但也同时暗示了因果事实（包括那些涉及意识经验的事实）是非基本的。人们可能会担心，这种心理因果关系的观点是否过于狭隘。此外，鉴于我们传统上对物理定律的思考方式，因果反实体主义无疑是怪异的。那么，物理世界真的不受任何基本的因果关系支配吗？

14.3　因果反实体主义正确吗？

应注意，因果反实体主义声称，物理的基本定律与因果定律根本不同。据称，其中一个重要的区别是，尽管因果定律通常用来描述局部事件如何决定未来事件，但物理定律联系了整个物理实在。然而，物理定律真的能将整个物理实在联系起来吗？本着科学的形而上学精神，可以考虑一下物理学家可能会如何回答这个问题。在现代物理学中，玻姆提出了关于因果关系和偶然性的问题，没有任何已知的基本物理定律能够考虑到整个世界的状态（Bohm,1957）：

> 凡是必然在有限的范围内运作的真正的因果关系，都受限于范围以外所产生的偶然性的影响。

---

① 当然，形而上学基础在当代形而上学中是一个微妙的话题，本章并未讨论当人们认为基本物理事实为因果事实建立基础时它到底意味着什么（Bliss,Trogdon,2016）。另一个问题由托马斯·塔赫克（Tuomas Tahko）提出，阐明了物理事实如何为非物理、意识事实奠定基础。

如果玻姆是正确的,也许物理学的基本定律与因果定律并没有根本的不同,毕竟在基础物理学中存在因果关系,关于玻姆观点的简短讨论可参见文献(Andersen et al.,2018)。

那么时间对称性呢?因果反实体主义宣称物理的基本定律与因果定律根本不同的另一个原因与时间对称性有关。因果定律通常描述了局部事件如何决定未来事件,但物理定律以一种时间对称的方式将整个物理实在联系起来。该理论认为,宇宙在某一特定时间的整体状态同样决定了宇宙的相对过去和未来。

让我们再根据玻姆对物理学的思考来考虑这个问题。当玻姆在他1951年出版的《量子理论》(《Quantum Theory》)中讨论时间对称性时,他指出,经典理论是规定的,而不是因果关系。他与因果反实体主义一致认为,在经典物理学中,力是事件起因的观点变得无足轻重,甚至几乎没有意义(Bohm,1951):

> 因为整个系统的过去和未来(加上它们在任何时刻的位置和速度)都完全由所有粒子的运动方程所决定,所以不能说未来是由过去造成的,就像不能说过去是由未来造成的一样。相反,所有粒子在空间和时间中的运动都是由一套规则规定的,即运动微分方程,且只涉及这些时空运动。

那么量子理论呢?在书中,玻姆提出了一个观点,似乎以一种深刻的方式挑战了因果反实体主义(Bohm,1951):

> 经典理论可以用一套关于不同时间的时空运动的规定性规则来表达,而量子理论却不能这样表达。能量和动量(即因果因素)不能通过粒子的速度和位置来消除。因此,量子理论的因果关系概念不同于它的经典对等物。它必须将时空事件之间的关系描述为存在于物质内部的因素(即动量)所"引起"的。它们与空间和时间本身一样,都建立在同样的基础上,无法被进一步分析。

玻姆承认,在量子理论中,这些因果因素只控制了时空事件过程中的统计趋势。但他进一步指出,正是这种不完全决定论的特性避免了使因果因素变得多余。他认为,这为量子理论中的因果关系概念提供了一个真正的内容。

所以,如果玻姆是正确的,那么因果反实体主义就是不正确的,物质世界中存在因果关系。这是因为:首先,每个已知的基本物理定律都是在有限的环境下运行的;其次,在量子理论中,与牛顿物理学不同的是,能量和动量(即因果因素)无法通过分量粒子的速度和位置来消除。

然而,应注意,上面提到的玻姆于1951年出版的《量子理论》中,他试图给出一种常见的"哥本哈根式的"解释,解释方法与泡利的方法相当类似。但众所周知,玻姆本人在1952年提出了对量子理论的另一种解释。这种解释(或称"玻姆理论"),假设电子同时具有明确的位置和速度,并由一种新型场(数学上由波函数 Ψ 描述)所引导。根据量子理论的通常解释，波函数 Ψ 不能直接描述单一的量子系统。相反，Ψ 描述了对将要观察到的量子系统的认识（通常是在概率方面）。相反，根据玻姆 1952 年的理论，Ψ 描述了一个客观的实场，以引导像电子这样的粒子。

那么玻姆理论中因果关系的作用是什么呢？该理论的极简主义版本，又称为"玻姆力学（Bohmian Mechanics）"，将量子理论表述为速度方面的"一阶"理论（Goldstein，2013）。据我判断，这类似于经典物理学中的因果关系（如能量、动量等），是可以被消除的。在玻姆力学的某些版本中，波函数被假定为类定律。所以，似乎因果关系可以被消除，就像在经典物理学中一样[1]。然而，玻姆和希利将玻姆 1952 年的理论发展到了另一个方向，即"本体论解释"。在这个方向上，所谓的量子势的作用是很重要的。在这种情形中，它可能会保留无法再简化的能量，从而在量子力学中保持"真正的"因果关系[2]。

由此可见，量子理论与因果关系的问题具有一定的讽刺意味。讽刺的是，因为不确定性原理，量子理论的常见解释意味着统计上的因果关系无法再简化。然而，量子理论解释的最新发展（如玻姆力学）可能会从基础物理学中消除因果关系。因为决定论的存在，正如发生在牛顿物理学中的一样。但玻姆和希利的本体论解释强调了量子势能，则有可能可以保留真正的因果关系。

现在让我们回到心理因果的问题上来。我们已经注意到，如果玻姆和希利的解释是正确的，并包括了一个无法再简化形式的量子势能，那么在基本物理水平上便存在因果关系，则因果反实体主义是不正确的。然而，怎样才能有心理因果呢？物理领域的因果封闭性原则不也适用于玻姆-希利图式（Bohm-Hiley Scheme）吗？这样不就没有余地让心理属性对物理产生影响了吗？

在此，应考虑玻姆和希利的建议，即本体论解释可以扩展。下文将继续探索本体论的解释，以及它扩展到可能允许心理因果的方式。

14.4 扩展量子理论的本体论解释

根据量子理论的本体论解释，量子过程由一个包含有效信息（由波函数 Ψ 描述，用量子势表示）的场所引导。这涉及一种新型的因果关系，可以称为信息因果关系（Infor-

---

[1] 由于我并不是物理学家，所以仅尝试性地提出这些建议，供专门研究玻姆力学的物理学家们进行更详细的讨论。
[2] 我再次以哲学家的身份试探性地提出这一建议，以供物理学家们进行更详细的讨论。

mational Causation）。这些信息从根本上来说是整体的，因为它实现了多人系统的非局域性和不可简化的客观整体性。

重要的是要意识到玻姆式（Bohmian）活跃信息而非香农（Shannon）信息。玻姆的思想是量子场的形式，由波函数所描述，包含了关于环境的信息如缝隙。然后，这些信息在字面上形成了粒子通过量子势的运动。信息在量子势非零的地方都是活跃的，但实际上只有在粒子存在的地方才是活跃的。如果没有这种"信息传递"的实际活动，这些信息就没有因果关系。所以在这种情形下，需要有实际的主动信息才能有任何因果有效的信息。

玻姆提出，活跃的信息可以被看作基本粒子的"原始如心智的品质"，并提出了一种可以称为玻姆泛心论（Bohmian Panprotopsychism）的观点（Bohm，1990；Pylkkänen，2020）。它的关键原则是，心理过程涉及的是"形式的活动"而不是"物质的活动"。当你看报纸时，你并不需要吃掉报纸，而是将光波运动中携带的形式提取了出来。这种形式，当被神经系统接受并解释时，可以产生对信息意义的有意识体验。类似地，电子也不会被量子波推来推去。相反，它能够对量子波的形式做出反应。在这个意义上，它是"类似心智的"。玻姆认为电子显然不是（在现象层面上）有意识的（Bohm，1990）。那么，在某种意义上，电子是否能通过量子场无意识地"感知"它的环境呢？尽管许多人仍可能将泛（原型）心理学视为"完全的神话，令人欣慰的、完全的胡言乱语"（McGinn，2006），但它已经成为当代哲学激烈讨论的主题（Strawson，2006；Goff et al.，2017；Pylkkänen，2020）。

那么，心理因果在玻姆量子本体论（Bohmian Quantum Ontology）中是如何起作用的呢？玻姆认为扩展量子本体论是很自然的事。就像有量子场影响粒子一样，也可以有一个超量子场影响一阶量子场等（Bohm，Hiley，1993）。下文将进一步假设我们的心理状态中包含的信息是这个领域层次结构的一个特定部分，通过层次结构，心理状态可以通过到达粒子和大脑中的场的量子场来引导物质过程（Bohm，1990）。

这种"量子心理因果关系（Quantum Mental Causation）"究竟是如何工作的呢？关于量子效应如何在认知甚至意识的神经生理过程中发挥作用，目前有许多不同的观点（Atmanspacher，2015；Pylkkänen，2018）。从本体论解释的角度来看，重要的问题是在大脑中是否存在一些"量子位置"，在这些位置上量子势可以发挥不可忽视的作用。希利和皮尔卡宁通过将量子势的方法应用于贝克（Beck）和艾克勒斯（Eccles）关于量子力学在突触胞外分泌中的作用的观点，讨论了这种可能性（Hiley，Pylkkänen，2005）。贝克和艾克勒斯认为，突触胞外分泌过程中出现的低转换概率表明，突触前囊泡网格中存在一个阻止离子通道打开的激活屏障（Beck，Eccles，1992）。希利和皮尔卡宁认为这是量子势的作用，有效地降低了势垒的高度，从而增加了胞外分泌的概率，是量子隧穿的例子。在扩展的本体论解释中，更高阶的"心智"场可以以非自然的方式影响量子势，从而控制突触的胞吐。最近,丹克·格奥尔基耶夫(Danko Georgiev)在书中详细讨论了突触通信中的量子隧穿(Georgiev,2018)。我认为,想进一步发展玻姆量子脑理论(Bohmian Quantum Brain Theory)的一个有前景的方法是,根据本体论解释提供的更丰富的量子过程图景来检验格奥尔基耶夫的提议。另一种可能性是将玻姆图式(Bohm Scheme)应用于最近提出的量子相干性涉及离子通道导电性和选择性中(Salari et al.,2017)。通过控制离子通道中的量子势,高阶心理场可能就能控制动作电位的触发。然而,这种推测需要仔细考虑退相干的问题。

另外,人们也可以从本体论的角度来解释彭罗斯(Penrose)和汉默洛夫(Hameroff)的建议,即意识依赖于大脑神经元内微管集合中生物"精心安排"的连贯量子过程。与玻姆和希利不同,彭罗斯和汉默洛夫高度重视在突触调节和意识控制过程中,作为协调的量子态坍缩减少的作用(Hameroff,Penrose,2014)。在本体论的解释中,这样的规则将通过编排量子势的高阶"心理"场而发生,并不需要涉及坍缩。

总结一下玻姆心理因果关系(Bohmian Mental Causation)。玻姆-希利图式为量子层面的信息提供了一个关键的因果作用,它暗示有关量子粒子所处环境的信息被编码在波函数中,并引导着粒子。在像大脑这样的复杂系统中,假设信息领域的场结构都是合理的,如果自由意志和自发性在信息的更高层次是可能出现的,那么层次结构将会使自由意志能够指导物理行动。由此,物理领域的因果封闭原则需要被放弃或修改,包括传统的非物理的因果特征,如信息等(Pylkkänen,2007,2017)。

14.5　结论:有两种心理因果关系与公认的物理主义观点相反

本章首先考虑了因果反实体主义如何暗示通向心理因果的可能路径。根据因果反实体主义,物质世界不受任何因果关系的支配。但它通常假设基本的物理事实是因果事实的基础,包括那些涉及意识的事实,有意识的经历则可以被看作决定未来事件的局部事件。

我们也看到,有理由认为因果反实体主义是不正确的。但我们应注意到,还有另一种方式来挑战现有的观点,即利用量子理论的本体论解释。这个解释表明信息在物理世界中扮演着一个基本的因果角色。这是一种合理的假设,即存在一个层次的信息,在层次之间有着双向的因果影响。心理/意识状态是这个层次的一部分,因此较低层次的物理过程可以影响因果,并受因果影响。

本章中的讨论是概括性的,许多问题还需要在日后的研究中更仔细地探索。例如,如何协调在经典物理学中因果关系可以被消除,与在通常的量子力学中(可能在玻姆-希利理论中)因果关系无法被消除的观点? 此外,玻姆-希利理论是非局域的,那么在非局域量子势具有不可忽略效应的情况下(如 EPR 型实验:Fenton-Glynn,Kroedel,2015;Walleczek,2016;Musser,2015),因果关系的作用是什么?

参 考 文 献

ANDERSEN F,ANJUM R L,MUMFORD S,2018. Causation and quantum mechanics[M]//AN-JUM R L,MUMFORD S. What tends to be:The philosophy of dispositional modality. London:Routledge.

ATMANSPACHER H,2015. Quantum approaches to consciousness[EB/OL]. [2020-04-16]. http://plato. stanford. edu/archives/sum2015/entries/qt-consciousness/.

BECK F,ECCLES J,1992. Quantum aspects of brain activity and the role of consciousness[J]. Proceedings of the National Academy of Sciences,89(23):11357-11361.

BLANCHARD T,2016. Physics and causation[J]. Philosophy Compass,11:256-266.

BLISS R,TROGDON K,2016. Metaphysical grounding[EB/OL]. [2020-12-06]. https://plato. stanford. edu/archives/win2016/entries/ grounding/.

BOHM D,1951. Quantum theory[M]. Englewood Cliffs:Prentice-Hall.

BOHM D,1957. Causality and chance in modern physics[M]. London:Routledge.

BOHM D,1990. A new theory of the relationship of mind and matter[J]. Philosophical Psychology,3:271-286.

BOHM D,HILEY B J,1987. An ontological basis for quantum theory:I. Non-relativistic particle systems[J]. Physics Reports,144:323-348.

BOHM D,HILEY B J,1993. The undivided universe:An ontological interpretation of quantum theory[M]. London:Routledge.

CARTWRIGHT N,1979. Causal laws and effective strategies[J]. Nous,13:419-437.

FENTON-GLYNN L,KROEDEL T,2015. Relativity, quantum entanglement,counterfactuals and causation[J]. British Journal for the Philosophy of Science,66(1):45-67.

FRISCH M,2012. No place for causes? Causal skepticism in physics[J]. European Journal for Philosophy of Science，2：331-336.

GEORGIEV D，2018. Quantum information and consciousness：A gentle introduction［M］. Boca Raton：CRC Press.

GOFF P，SEAGER W，ALLEN-HERMANSON S，2017. Panpsychism［EB/OL］. ［2020-05-13］. https：//plato. stanford. edu/archives/win2017/ entries/panpsychism/.

GOLDSTEIN S，2013. Bohmian mechanics［EB/OL］. ［2020-06-14］. http：//plato. stanford. edu/archives/spr2013/entries/qm-bohm/.

HAMEROFF S R，PENROSE R，2014. Consciousness in the universe：A review of the "Orch Or" theory［J］. Physics of Life Reviews，11：39-78.

HILEY B J，PYLKKÄNEN P，2005. Can mind affect matter via active information？［J］. Mind and Matter，3(2)：7-26.

MCGINN C，2006. Hard questions［J］. Journal of Consciousness Studies，13(10-11)：90-99.

MUSSER G，2015. Spooky action at a distance［M］. New York：Farrar，Straus and Giroux.

PRICE H，CORRY R，2007. Causation，physics，and the constitution of reality：Russell's republic revisited［M］. Oxford：Clarendon Press.

PYLKKÄNEN P，2007. Mind，matter and the implicate order［M］. New York：Springer.

PYLKKÄNEN P，2017. Is there room in quantum ontology for a genuine causal role of consciousness？［M］//KHRENNIKOV A，HAVEN E. The Palgrave handbook of quantum models in social science. London：Palgrave Macmillan.

PYLKKÄNEN P，2018. Quantum theories of consciousness［M］//GENNARO R. The Routledge companion to consciousness. London：Routledge.

PYLKKÄNEN P，2020. A quantum cure for panphobia［M］//SEAGER W. Routledge handbook of panpsychism. London：Routledge.

ROBB D，HEIL J，2018. Mental causation［EB/OL］. ［2018-02-19］. https：//plato. stanford. edu/archives/win2018/entries/mental-causation/.

RUSSELL B，1913. On the notion of cause［J］. Proceedings of the Aristotelian Society，13：1-26.

SALARI V，NAEIJ H，SHAFIEE A，2017. Quantum interference and selectivity through biological ion channels［J］. Scientific Reports，7：41625.

STRAWSON G，2006. Realistic monism-why physicalism entails panpsychism［J］. Journal of Consciousness Studies，13(10-11)：3-31.

SUNDSTRÖM P，VASSEN B，2017. Description of the "where is there causation？" -workshop［C］. https：//philevents. org/event/show/34954.

WALLECZEK J，2016. The super-indeterminism in orthodox quantum mechanics does not implicate the reality of experimenter free will［J］. Journal of Physics：Conference Series，701：012005.

第 15 章

内省与叠加

保罗·斯科科夫斯基(Paul Skokowski)[①]

15.1　引　言

　　在《量子力学与经验》(《Quantum Mechanics and Experience》)一书中,大卫·阿尔伯特(David Albert)声称,量子力学中可观察值线性算子导致了从叠加状态中得出单个本征值的情况,从而可能产生令人困惑的结果。尽管从线性的数学性质来说,这是正确的,但阿尔伯特选择用来解释这些令人费解的性质的两个例子却存在问题。理解阿尔伯特给出的关于盒子里粒子的第一个简单例子的问题,有助于我们理解第二个例子中更深

---

① 保罗·斯科科夫斯基是英国牛津大学哲学系教授,研究兴趣集中于心灵哲学、神经科学哲学、人工智能以及物理学哲学。

层次和更有趣的问题:当观察者观察叠加现象时,其心理状态的本质是什么?在这两种情况下,它都证明了获得阿尔伯特对所讨论的叠加的结果所需的本征值需要额外的特征态,以及特定于这些额外特征态的额外算子。这一分析提出了这样的问题:一个叠加现象的观察者是否像阿尔伯特所说的那样完全被欺骗了?阿尔伯特声称,在观察自旋测量的整个过程中仔细考虑观察者的大脑状态,尤其是其信念状态,并为这些状态分配适当的本征态和本征值,观察者就不会被欺骗。

15.2 观察叠加

在《量子力学与经验》一书的第 6 章中,阿尔伯特考虑了一位被他称为"h"的人类实验者——姑且叫她希尔达(Hilda)吧,让她测量电子的自旋。本章将使用阿尔伯特的表示法来跟踪他在实验过程中对量子力学状态的发展。特别是,阿尔伯特用他自己的符号来描述正交电子自旋态。他将一个正交轴称为"硬度",另一个正交轴称为"颜色"。阿尔伯特将沿硬度轴的方向旋转"＋"和"－"指定为"硬的"和"柔软的",并将沿颜色轴的方向旋转"＋"和"－"指定为"黑色"和"白色"。出于标记方便的目的,我们将硬度轴指定为 x 轴,将颜色轴指定为 z 轴。这将意味着,在 x 轴向上的旋转,由右矢量 $|+x\rangle$ 表示,将由右矢量 $|\mathrm{hard}\rangle$ 给出;在 x 轴向下的旋转,由右矢量 $|-x\rangle$ 表示,将由右矢量 $|\mathrm{soft}\rangle$ 给出。类似地,在 z 轴向上的旋转,由右矢量 $|+z\rangle$ 表示,将由右矢量 $|\mathrm{black}\rangle$ 给出。在 z 轴向下的旋转,由右矢量 $|-z\rangle$ 表示,将由右矢量 $|\mathrm{white}\rangle$ 给出。

在阿尔伯特所描述的实验中,希尔达测量硬电子的颜色。由于硬电子由右矢量 $|+x\rangle$ 表示,因此该向量可以扩展为 z 方向上的状态叠加:

$$|+x\rangle = \frac{1}{\sqrt{2}}|+z\rangle + \frac{1}{\sqrt{2}}|-z\rangle$$

或者,用阿尔伯特的说法:

$$|\mathrm{hard}\rangle = \frac{1}{\sqrt{2}}|\mathrm{black}\rangle + \frac{1}{\sqrt{2}}|\mathrm{white}\rangle$$

当实验开始时,一个硬电子被送到一个颜色自旋测量装置上,希尔达正在观察这个装置。在这个阶段,电子进入测量装置之前,装置处于"准备"状态,准备进行自旋测量。希尔达也处于"准备"状态,准备观察测量装置上的读数。阿尔伯特用下标"h"表示希尔

达,下标"m"表示测量装置,下标"e"表示电子。在这一阶段,系统处于:

$$| \text{ready} \rangle_h | \text{ready} \rangle_m | \text{hard} \rangle_e$$

实验结束后,上述状态演变为状态的叠加,状态的一个组成部分出现了黑色电子,测量设备检测到"黑色",希尔达则认为检测器读取的是"黑色",而另一个组的状态出现了白色电子,测量设备检测到"白色",希尔达则认为检测器读取的是"白色"(Albert,1992)。该结果是由运动的线性动力学方程和阿尔伯特规定的希尔达是"一个指针位置的胜任观察者"所决定的。

阿尔伯特将希尔达(h)、测量装置(m)和电子(e)的叠加态表示为

$$\frac{1}{\sqrt{2}} (| \text{believes e black} \rangle_h | \text{"black"} \rangle_m | \text{black} \rangle_e$$

$$+ | \text{believes e white} \rangle_h | \text{"white"} \rangle_m | \text{white} \rangle_e) \qquad (15.1)$$

本章的其余部分将"黑色"写为"b",将"白色"写为"w"来略微缩短此表示法。然后,按照阿尔伯特方程(Albert's Equation)(6.1),我们得到以下结果:

$$\frac{1}{\sqrt{2}} (| \text{believes e b} \rangle_h | \text{"b"} \rangle_m | \text{b} \rangle_e + | \text{believes e w} \rangle_h | \text{"w"} \rangle_m | \text{w} \rangle_e)$$

阿尔伯特提出了一个有趣的问题,即方程(15.1)的叠加是什么样的。也就是说,他认为线性量子力学运动方程是整个世界的真实和完整的运动方程,也就是埃弗里特的解释。

阿尔伯特考虑询问希尔达目前对刚刚测量的电子颜色的看法,因为希尔达似乎从方程(15.1)起就处于信念状态的叠加:一种认为电子是黑色的,另一种认为电子是白色的。因此,提出这个问题之后,希尔达回答"黑色"和"白色"的叠加。

所以,阿尔伯特建议问一个不同的问题,让希尔达回答她关于该电子颜色的价值是否有任何特定的信念。根据阿尔伯特的说法,在叠加的任何一个分量中,希尔达都会回答"是"。因此,考虑到可观察到的"你对该电子的颜色是否有明确的特定信念?"对于叠加的两个分量,本征值均为"是"。这意味着,通过表示量子力学系统可观测值的线性算子,将该可观测值应用于叠加也将产生本征值,因此答案为"是"。

正如阿尔伯特所说,回答"是"是希尔达的一个"可观察属性",因此它将是方程(15.1)的一个可观察属性(Albert,1992)。

15.3 位置和框

前文中,阿尔伯特为希尔达案例做准备时介绍了这种"线性算子",在这个案例中他讨论了可观测算子的线性性质。阿尔伯特称:

> 首先请注意,它是由表示量子力学系统的可观测的算符的线性关系引出的……如果任何量子力学系统 S 的任何可观察到的 O 在状态 $|A\rangle_S$ 中具有特定的确定值,并且如果 O 在其他状态 $|B\rangle_S$ 中也具有相同的确定值,则在这两个状态的任何线性叠加中,O 也必定具有相同的确定值。

当然,阿尔伯特在这里描述的是当在 $|A\rangle_S$ 和 $|B\rangle_S$ 两个状态中的任何一个上进行运算时,具有相同本征值的运算符 O,称为 λ。因此,如果考虑 O 在这两个状态的线性叠加上进行操作,如 $|A\rangle_S + |B\rangle_S$,那么将有:

$$O(a|A\rangle_S + b|B\rangle_S) = aO|A\rangle_S + bO|B\rangle_S = a\lambda|A\rangle_S + b\lambda|B\rangle_S$$
$$= \lambda(a|A\rangle_S + b|B\rangle_S)$$

这是线性算子的性质,恰好对应叠加中的两个不同本征向量产生相同的本征值。因此,对于具有两个本征态 $|A\rangle_S$ 和 $|B\rangle_S$ 的性质的算子,这两个状态的叠加也是一个具有相同本征值的本征态:λ。

在上述引用的正下方的一个脚注中,阿尔伯特阐述道:

> 如果仔细思考便会发现,这对于可观察对象的行为而言是一种完全符合常识的方式。例如,假设有一个粒子位于盒子的右半部分,并且与左半部分处于叠加状态。像这样的粒子的可观察量的线性将带来什么(或者更确切来说,它是否会引发某一件事)?该粒子是否处于可观察对象的本征态,即"该粒子是否处于盒子中的任何地方"?本征值结论为"是"。(Albert,1992)

乍一看,这是有道理的。但在我看来,这其中存在一个小问题:很难构造一个具有阿尔伯特在这里所强调的性质的算子。下例中我将借用阿尔伯特所使用的表示法。

考虑叠加状态 $|\Phi\rangle = \frac{1}{\sqrt{2}}|X=L\rangle + \frac{1}{\sqrt{2}}|X=R\rangle$。当由位置算子 X 进行运算时,本征态 $|X=L\rangle$ 产生本征值 L;当由位置算子 X 进行运算时,本征态 $|X=R\rangle$ 产生本征值 R。叠加状态是一种非常简单的表示,指在框的左侧(即在 $x=L$ 点处)或在框的右侧(即在 x

＝R 点处)以零的概率找到具有相等概率的粒子,且所有其他点的价值为零。

这里的问题似乎是该系统具有一个自由度(x),因此,唯一可以对它进行操作的算子是位置算子 X。但在使用算子 X 的系统上进行操作时,第一个本征态$|X=L\rangle$只能产生本征值 L,而第二个本征态 $|X=R\rangle$ 只能产生本征值 R。很明显,$L\neq R$。因此,这两个特征向量实际上不能具有共同的本征值,这也意味着叠加态不能与构成它的两个状态 $|X=L\rangle$和$|X=R\rangle$共同具有本征值。

阿尔伯特曾在《量子力学与经验》中给出如下例子。他描述了一个双路径实验,其中涉及电子状态的叠加。在此实验中,将白色电子发送到颜色盒[斯特恩‐革拉赫装置(Stern-Gerlach device)]中,阿尔伯特解释了电子如何最终以状态叠加结束,其中该叠加包括电子采取一条路径的成分(他称之为路径"h",电子以"硬"电子形式出现)和电子沿着另一路径的成分(他称之为路径"s",电子以"软"电子形式出现)。阿尔伯特在讨论双路径实验时称,电子不要走 h 路线,也不走 s 路线,不要两条路线都走,也不要两条都不走。可以将相同的语言应用于位置状态的叠加$|\Phi\rangle$。将此语言改编为$|\Phi\rangle$会产生:"粒子不在盒子的左侧,不在盒子的右侧,也不在盒子的两侧,也都在盒子的两侧。"如果$|\Phi\rangle$是这样的,那么如何保证"粒子处于可观测的本征态"是盒子里任何地方的粒子,且在本征值为"是"的情况下,找不到组成叠加的两个状态$|X=L\rangle$和$|X=R\rangle$的公共本征值呢?阿尔伯特提供的叠加的语言似乎否认了这种可能性。

同样,问题在于,唯一可以产生盒子中粒子位置信息的算子是位置算子本身 X。该运算符的形式似乎不是"粒子是否在盒子中的任何位置",而是一种更简单的形式,即"粒子的位置是 x"。

因此,我怀疑阿尔伯特是否可以得出这样的说法,即存在这样一种形式的算子"在盒子里的任何地方都有粒子",对于状态向量的这种叠加,其得出的本征值为"是"。

但是,若让我提出一个解决方案以解决阿尔伯特盒子中粒子问题,这样的方案似乎表明该问题的原始设置无足轻重。正如杰夫•巴雷特(Jeff Barrett)所指出的,每个可能观察到的物理量都对应于一个适当的希尔伯特空间上的厄米算符(Barrett,1999)。这里的关键词是"适当的"。考虑上述粒子涉及两个属性:一个是粒子的实际位置,由状态矢量$|\Phi\rangle$表示;另一个是粒子是否在盒子里。首先,可以看到,通过应用位置运算符 X 获得位置。X 运算符的本征态看起来像$|X=L\rangle$和$|X=R\rangle$。其次,通过应用,我建议使用的"Box"运算符,因为 Box 可以找到粒子是否在盒子中。Box 算子的本征态看起来像是$|\mathrm{Inside\ the\ Box}=\lambda\rangle$和$|\mathrm{Inside\ the\ Box}=\gamma\rangle$,其中 $\lambda=$"是",$\gamma=$"否"。

当然,这时的波函数将有所不同,所以称它为$|\Phi'\rangle$。由于阿尔伯特事先已经说明粒子的可能值将在 Box 内,因此可以构造新的波函数$|\Phi'\rangle$:

$$|\Phi'\rangle = \frac{1}{\sqrt{2}}|X=L\rangle|\text{ Inside the Box}=\lambda\rangle + \frac{1}{\sqrt{2}}|X=R\rangle|\text{ Inside the Box}=\lambda\rangle$$

为了简单起见,假设在盒子两边找到这个粒子的概率相等。通过进行$|\Phi'\rangle$与 Box 运算符一起获取阿尔伯特的结果如下:

$$\text{Box}|\Phi' = \text{Box}\left(\frac{1}{\sqrt{2}}|X=L\rangle|\text{ Inside the Box}=\lambda\rangle\right.$$
$$\left. + \frac{1}{\sqrt{2}}|X=R\rangle|\text{ Inside the Box}=\lambda\rangle\right)$$
$$= \frac{1}{\sqrt{2}}|X=L\rangle\text{Box}|\text{ Inside the Box}=\lambda\rangle$$
$$+ \frac{1}{\sqrt{2}}|X=R\rangle\text{Box}|\text{ Inside the Box}=\lambda\rangle$$
$$= \frac{1}{\sqrt{2}}|X=L\rangle\lambda|\text{ Inside the Box}=\lambda\rangle$$
$$+ \frac{1}{\sqrt{2}}|X=R\rangle\lambda|\text{ Inside the Box}=\lambda\rangle$$
$$= \lambda\left(\frac{1}{\sqrt{2}}|X=L\rangle|\text{ Inside the Box}=\lambda\rangle\right.$$
$$\left. + \frac{1}{\sqrt{2}}|X=R\rangle|\text{ Inside the Box}=\lambda\rangle\right)$$
$$\text{Box}|\Phi'\rangle = \lambda|\Phi'\rangle$$

换句话说,事实证明需要一个附加的本征函数来获得阿尔伯特所说的结果,即回答粒子是否在盒子里的问题。

15.4 内省与叠加

现在让我们回到阿尔伯特最初的例子,他询问希尔达对该电子的颜色是否有任何明确的特定信念。

阿尔伯特要求希尔达报告的是内省的信念,这是关于信念的信念。当要求某人报告他们持有的某种信念时,他们需要进行自我反思才能报告该信念。假设希尔达在她面前的灰色屏幕上看到一个绿色的补丁,那么可以说她有一个偶然的信念,即补丁是绿色的。确实,这种偶然的信念将涉及视觉皮层(Zeki,1993;Seymour et al.,2016;Lee et al.,1998)。在这种情况下,当她被问及面前的补丁是什么颜色时,希尔达会回答说"补丁是绿色的"。如果让我们问希尔达,她是否对自己面前补丁的颜色有绝对的把握,在这种情况下,她可能会问:"你是在问我补丁的颜色是什么吗?"我们会回答:"不,我们是在问你现在是否对面前的补丁颜色有把握(信念)。特别是我们要求你反思对补丁颜色的信念,以验证你对补丁颜色有明确的信念。"在这种情况下,希尔达会形成一种内省的信念,一种关于信念的信念,以验证自己是否对自己面前的一块彩色补丁抱有信念。这种信念以另一种信念作为内容;特别是,这种内省的信念内容将是希尔达的偶然信念。

应注意,心理内容的细粒度确保了希尔达的信念,或内省状态,或电子是白色的感觉,将与她的信念、内省状态、电子是黑色的感觉不同(Tye,1995;Dretske,1995;Perry,1977;Frege,1892)。这种细粒度是重要的:关于白色的信念的意图内容与关于黑色的信念的意图内容是不同的[①]。所以,任何一种关于"白"的心理状态都会与关于"黑"的心理状态有所不同。当然,正是状态的内容,让我们能够将这些状态称为心理表征。心理状态的内容也有助于将该类型的状态与其他状态区分开来,在心理内容的因果理论中,这些状态将因其在内容、载体和因果角色上的差异而被区分(Skokowski,1999,2018)。

为了拥有一种内省信念,可以用来报告正在发生的信念被内省,这种内省信念必须通过神经连接和神经刺激与正在发生的知觉信念形成因果和物理上的联系。所以,希尔达对给定知觉信念的内省信念会涉及特定的神经连接,作为内省信念载体的一部分,与视觉皮层的特定部分有关,而这部分与她知觉信念的例证有关,而知觉信念本身又涉及一组不同的神经元。此外,当希尔达有了这种内省的信念时,特定的神经冲动就会发生,这种冲动与视觉皮层的特定连接有关。也就是说,由于与颜色信念的联系,在内省信念中产生的动作电位将会特定于两组神经元之间的联系。因此,这种内省的信念载体将由一组特定的神经元组成,当它发生在希尔达的大脑中时,这些神经元代表了一种特定的神经放电模式(动作电位)。事实上,影像学的研究似乎表明,内省信念发生在前额叶皮层(Fleming et al.,2010)。

这项分析将适用于希尔达的任何一种心理状态,这些心理状态的任务是代表其发生的知觉信念的内容。任何这种心理状态都需要与正在发生的知觉信念有因果关系,而分析心理状态的意图内容将是细粒度的,是关于正在发生的知觉信念及其内容的。因此,

---

① 请注意,无论内容是指向"黑色"或"白色"的指针位置,还是实际的字面意思"黑色"或"白色",都存在这种内容差异。在两种情况下,故意为之的内容都会被细化。

如果希尔达的心理状态 M 与其发生的知觉状态及其内容有关，其中 M 是阿尔伯特的内省型或其他自我分析状态，则该心理状态 M 将会细化，即关于发生的知觉信念及其内容。因此，对任何关于希尔达的发生性知觉信念状态的查询都将依赖于她的发生性知觉信念的心理状态来获得答案，并且代表该心理状态的有意内容将具有细化的跟踪状态[①]。

例如，与希尔达对电子是白色的内省相对应的本征态将包含她在前额叶皮层的自我反省状态以及她在视觉皮层的知觉信念，因此可以这样写：

$$| \text{introspect e w} \rangle_{\text{h-PF}} \; | \text{believes e w} \rangle_{\text{h-VC}} \; | \text{"w"} \rangle_m \; | \text{w} \rangle_e$$

其中下标"h-PF"代表希尔达前额叶皮层的内省状态，下标"h-VC"代表涉及希尔达视觉皮层的知觉信念。

让我们将阿尔伯特的分析应用于希尔达大脑的初始状态，也就是她正在观察的测量设备，以及电子如何从"准备"发展到测量后的结果。在测量之前，我们有：

$$| \text{PF ready} \rangle_{\text{h-PF}} \; | \text{VC ready} \rangle_{\text{h-VC}} \; | \text{ready} \rangle_m \left[\frac{1}{\sqrt{2}} \; | \text{b} \rangle_e + \frac{1}{\sqrt{2}} \; | \text{w} \rangle_e \right]$$

其中第一状态是前额叶皮层的"准备"状态，第二状态是视觉皮层的"准备"状态，第三状态是测量设备的"准备"状态，最终状态是黑色和白色的旋转方向（即以黑白为基础的"硬"电子）与即将通过检测器的电子的叠加。

测量后，此状态演变为叠加，称其为 $| \Psi \rangle$，其形式为：

$$| \Psi \rangle = \frac{1}{\sqrt{2}} (| \text{introspect e b} \rangle_{\text{h-PF}} | \text{believes e b} \rangle_{\text{h-VC}} | \text{"b"} \rangle_m | \text{b} \rangle_e$$

$$+ | \text{introspect e w} \rangle_{\text{h-PF}} | \text{believes e w} \rangle_{\text{h-VC}} | \text{"w"} \rangle_m | \text{w} \rangle_e)$$

应注意，叠加的前两个特征状态代表了希尔达的不同的心理/信念状态。因此，它们将拥有彼此不同的神经工具和内容。此外，如果测量它们，它们会产生不同的本征值。在叠加的第一项中，第一（内省）状态会给出一个关于电子是黑色的内省信念状态的测量，第二状态会给出一个关于电子是黑色的知觉信念的测量；在叠加的第二项中，第一（内省）状态会给出一个关于电子是白色的内省信念状态的测量，第二状态会给出一个关于电子是白色的知觉信念的测量。所有这些状态在载体（大脑皮层的特殊状态）和内容上都有所不同，考虑到心理状态的细微粒度，情况也必然如此。

由于这个叠加的每一个分量都会为其对应的算子产生一个不同的本征值，所以这两个分量之间就不存在一个作为整体叠加上的一个算子的共同的本征值。由于叠加中的

---

① 如果表征状态没有这种细粒度，那么希尔达便无法回答有关感知状态内容的问题。

每一种心理状态都有自己的载体和精细的粒度意图内容,因此每一种心理状态都是不同的。每一种心理状态都与另一种心理状态有不同的本征值。如果心理状态是个体化的心理状态,那么它必须如此。认为电子是白色的内省状态和认为电子是黑色的内省状态是不同的,认为电子是白色的知觉信念与认为电子是黑色的知觉信念是不同的。载体是不同的,每个状态(内省或感知)都由不同的神经元和动作电位组成,因此载体被表示为不同的物理状态。

这其中有两件重要的事情需要注意:一是系统的状态与希尔达的反思相对应,她相信电子是白色的,而不像阿尔伯特最初宣称的那样,由方程(6.1)给出。相反,系统的状态将包含她在前额叶皮层的内省状态,以及她涉及视觉皮层的知觉信念,如前面的状态$|\Psi\rangle$所述。二是目前的叠加态$|\Psi\rangle$并不产生阿尔伯特所认为的结果,即存在一个可测量的本征值,该本征值是叠加的两个分量共同的结果。如果有这样一个本征值,那么希尔达就会有一个可观察到的特性,根据线性运动方程,她会发现自己处于大脑状态的叠加。

阿尔伯特对这个问题的解决办法是让希尔达对一个关于她心理状态的问题回答"是"。同时,询问希尔达:"告诉我,现在你是否有任何关于该电子颜色的明确的信念?"

但还应注意,回答这样的问题有其特殊性。问题的答案是产生于大脑的另一个部位——布洛卡区(Broca's Area)。布洛卡区是负责语言输出的区域,而不是负责内省的区域。这些语言输出包括无意识的语法处理和以特定形态形成嘴与舌头所需的信号,以某种方式呼气、打开和关闭鼻腔通道等①。内省的任务是产生关于信念的信念(Dretske,1995),而布罗卡区则不是,它的任务是语言输出(Pinker,1994,1997)。

有意图的心理状态的输出与心理状态本身不可混淆。举个喝水的简单例子,如果我面前有一瓶水,我想喝上一口。这些心理状态使我伸手去拿瓶子,然后把它拿到我的嘴边。信念和欲望是具有意图内容的心理状态,但达到和提升是由这些代表性状态引起的输出。这些输出本身不是代表性的状态,也就是说,状态具有来自功能的有意内容以表示环境的属性,以及执行动作的执行能力(Dretske,1988;Skokowski,1999)。相反,它们是表征状态的输出,具有执行能力和意图内容的心理状态的因果结果。

因此,阿尔伯特的问题是设计出来以检测希尔达自旋检测器系统中一个共同的可测量特性,通过检测一个共同的输出,而不用通过检测内省表征特征态本身的共同特性。这点很特殊,因为可能存在争议的是希尔达自己内省和发生的知觉信念的内容。的确,阿尔伯特认为,当方程(6.1)的状态获得时,希尔达显然会受到根本的欺骗,无论她自己的心理状态如何。这里最直接的问题是,欺骗肯定是一种心理状态。希尔达被欺骗就意

---

① 因为内省是有意识的(Dretske,1995;Moore,1903),而语言加工是无意识的(Pinker,1994),所以后者不是自省信念的区域。

味着希尔达具有一种错误的心理状态。信念是有意的状态，具有虚假的能力，这确实是信念的一项重要属性，布伦塔诺（Brentano）称之为"心理的标记"（Brentano，1874；Dretske，1988）。但希尔达的代表状态，即她的信念，并未在这里进行衡量，尽管作为物理状态原则上它们都是可以被测量的。

但阿尔伯特又一次排除了后一种选择，他给希尔达设置了一个规定，不要她告知她认为电子是黑的还是白的，这个规定的原因很清楚：当你问希尔达"你是否正在反省你感知到的黑色？"和"你是否正在反省你看到的白色？"会有不同的叠加，因此，对于$|\Psi\rangle$的叠加矩阵，没有共同的本征值。所以，阿尔伯特会问一个不同的问题。但这意味着，我们不是用运算符直接测量希尔达的内省状态及其内容，而是被要求测量这些内省的共同输出。焦点已经从内省本身转移到了内省的共同输出。

以这种方式转移焦点的问题可以用一个例子来说明。应注意，如果我们可以通过一个共同的输出来检测希尔达自旋检测器叠加中的一个共同的本征值，而不是通过表征态本身，那么也应该能够通过一个共同的输出来检测测量设备中的一个共同的本征值。毕竟，对于电子自旋测量设备而言，重要的是其最终呈现的状态，是指向白色还是指向黑色。这些指针状态具有内容的代表性状态，它们与某物有关，并且至关重要的是，它们与被测电子是黑色还是白色有关。这就是使它们具有代表性的一种方式，该方式适合于测量特定电子的实际自旋。但是，如果这两个状态有一个公共输出，那么根据阿尔伯特的说法，可以使用该公共输出来显示设备。根据阿尔伯特的描述，它甚至对其自身的表征状态都是有欺骗性的。

假设电子自旋测量设备上的指针在 x 轴上滑动。对白色电子，它向左滑动；对黑色电子，它向右滑动。假设能注意到，无论何时测量设备记录到电子的自旋，在垂直于 x 轴的 y 轴上都会有轻微的振动。无论电子是黑色还是白色，这种振动都是相同的。因此，我们在 y 轴上放置了一个振动检测器，用于检测何时发生振动。

在安装这个振动检测器之前，叠加是这样的：

$$|\Phi\rangle = \frac{1}{\sqrt{2}}(|\text{"b"}\rangle_m|b\rangle_e + |\text{"w"}\rangle_m|w\rangle_e)$$

在连接振动探测器之后，出现

$$|\Phi'\rangle = \frac{1}{\sqrt{2}}(|\text{"}y-\text{vibration"}\rangle_v|\text{"b"}\rangle_m|b\rangle_e$$
$$+|\text{"}y-\text{vibration"}\rangle_v|\text{"w"}\rangle_m|w\rangle_e)$$

将该振动的大小称为 λ。然后可以线性地看到，由算符 O 进行的这种振动的测量是叠加状态以及叠加的每个分量的可观察特性。因此，通过将硬电子穿过颜色检测器，可以测

量观察到特性 λ：

$$O \mid \Phi' \rangle = \lambda \mid \Phi' \rangle$$

但应注意，测量这样的振动，即表征/检测状态的输出，并不意味着探测器完全被它所检测的东西欺骗了。这只是意味着探测器产生了一个可测量的振动，不管它是折叠成叠加的一个分量还是另一个，或者如果埃弗里特是正确的，那么这个可观测到的物体即使在叠加的情况下也可以被测量。对 y 振动的测量并不能说明指针在 x 方向上的最终位置，因此也不能说明电子的自旋。这在状态向量 $\mid \Phi' \rangle$ 中有明确的说明，其中两种属性占据不同的特征态，例如，$\mid$ "y-vibration"$\rangle_v$ 和 $\mid$ "b"$\rangle_m$，为设备产生不同的物理属性。测量设备的一种特性并不意味着欺骗另一种特性，因为它们是独立的特征态，具有各自相关的算子和本征值，所以探测器不会受到欺骗。不管 QM 的解释是什么，都有一个共同的可测量的输出。

现在可以对希尔达的情况持相同的观点，当考虑到来自布洛卡区的语言输出时，在测量之前有

$$\mid B\ ready \rangle_{h\text{-}B} \mid PF\ ready \rangle_{h\text{-}PF} \mid VC\ ready \rangle_{h\text{-}VC} \mid ready \rangle_m \left[\frac{1}{\sqrt{2}} \mid b \rangle_e + \frac{1}{\sqrt{2}} \mid w \rangle_e \right]$$

第一个状态是希尔达的布罗卡区域的"准备"状态，其余的"准备"状态的定义如前所述：希尔达的前额叶皮层、视觉皮层、测量设备的"准备"状态，以及最终状态都将要通过检测器的电子的黑色和白色自旋的叠加。希尔达的本征状态再次由下标"h-B""h-PF"和"h-VC"表示。

测量后，此状态演变为 $\mid \Psi' \rangle$ 形式的叠加，这与之前考虑的叠加 $\mid \Psi \rangle$ 不同[它本身又与阿尔伯特给出的方程（6.1）不同]：

$$\mid \Psi' \rangle = \frac{1}{\sqrt{2}} (\mid \text{"Yes"} \rangle_{h\text{-}B} \mid introspect\ e\ b \rangle_{h\text{-}PF} \mid believes\ e\ b \rangle_{h\text{-}VC} \mid \text{"b"} \rangle_m \mid b \rangle_e$$

$$+ \mid \text{"Yes"} \rangle_{h\text{-}B} \mid introspect\ e\ b \rangle_{h\text{-}PF} \mid believes\ e\ w \rangle_{h\text{-}VC} \mid \text{"w"} \rangle_m \mid w \rangle_e)$$

然后，我们可以线性地看到，对希尔达语言输出的测量将是叠加态以及叠加的每个分量的可观察特性。也就是说，当包含希尔达的系统 $\mid \Psi' \rangle$ 被问及希尔达是否对阿尔伯特所规定的方式有明确的信念时，若这个问题的运算符是 O，那么她将回答"是"：

$$O \mid \Psi' \rangle = \text{"Yes"} \mid \Psi' \rangle$$

而且，这是运算符 O 作用于希尔达的特征态 $\mid$ "Yes"$\rangle_{h\text{-}B}$ 的结果。

但这就像上面刚给出的检测器示例。"测量"这样一个答案，也就是说，一个内省/表

征状态的输出，并不意味着希尔达在她的内省上完全被欺骗了。这仅意味着希尔达会给出答案"是"，而不管她是否已折叠到叠加的一个分量或另一个分量。或者，如果埃弗里特是正确的，即使在叠加中也可以测量该答案。一个口头输出"是"的测量并不能说明希尔达正在发生的内省状态和她正在发生的关于电子自旋的知觉信念。这在状态向量 $|\Psi'\rangle$ 中有明确的说明，其中三个特性是由 $|$ "Yes"$\rangle_{h\text{-}B}$，$|$ introspect e w$\rangle_{h\text{-}PF}$，$|$ believes e w$\rangle_{h\text{-}vc}$ 三个不同的特征态表示的。测量希尔达的一个特性并不意味着欺骗另一个特性，因为它们是独立的特征态，具有各自的相关算子和本征值，所以希尔达没有被欺骗。不管 QM 的解释是什么，都有一个共同的语言输出。

此外，重要的是要记住欺骗是一种错误的信念：倘若 G 并非如此，那么对于与欺骗有关 G 的 X 就可以认为，X 相信 G。我们看到，在希尔达所涉及的叠加的两边，只有两个信念：内省的信念和知觉的信念。因为欺骗是一种信念，这些就是唯一的候选。但这些信念都不是欺骗的实例，因为阿尔伯特事先规定希尔达"是指针位置的合格观察者"，因此她对指针位置的感知（无论是感知还是内省）都是准确的。这意味着从阿尔伯特的意义上来看，任何欺骗都必须在语音输出层面上进行；也就是说，在希尔达的层面上，对内省的电子颜色的确定信念的说法是"是"。但正如我们已经得出的结果，语音输出不是内省状态。实际上，它是输出而非有意状态，它根本不是对电子颜色的信念。

15.5 结　　论

综上可知，在量子力学中，代表可观测的线性算子导致了从叠加态中可以引出单一的共同本征值的情况。阿尔伯特用这个分析来说明，一个测量叠加的观察者——希尔达，会被她自己的心理状态所欺骗。但当希尔达的大脑状态，尤其是她的信念状态被仔细分析后，这个说法就有问题了。其中一个问题是，欺骗是一种心理状态，是一种带有虚假内容的信念。因此，欺骗必须以一种信念状态为例。但是，因为希尔达所能得到的关于测量的唯一信念状态是由阿尔伯特所规定的，所以这些状态不可能具有欺骗性。进一步来说，希尔达的言语输出在任何可能的测量结果的叠加中都是常见的。但这并没有导致希尔达被欺骗，因为这种输出本身不是一种信念形式，尤其不是分析所要求的内省信念。这意味着一个有能力的观察者对她的叠加测量的知觉信念的内省不可能具有欺骗性。

参 考 文 献

ALBERT D，1992. Quantum mechanics and experience[M]. Cambridge：Harvard University Press.

BARRETT J，1999. The quantum mechanics of minds and worlds[M]. Oxford：Oxford University Press.

BRENTANO F，1874. Psychologie vom Empirischen Standpunkt[M]. Leipzig：Duncker & Humblot.

DRETSKE F，1988. Explaining behavior[M]. Cambridge：MIT Press.

DRETSKE F，1995. Naturalizing the mind[M]. Cambridge：MIT Press.

FLEMING S M，Wil R S，Nagy Z，et al.，2010. Relating introspective accuracy to individual differences in brain structure[J]. Science，329(5998)：1541-1543.

FREGE G，1892. Über Sinn und Bedeutung[J]. Zeitschrift für Philosophieund Philosophische Kritik，100：25-50.

LEE T S，Mumford D，Romero R，et al.，1998. The role of the primary visual cortex in higher level vision[J]. Vision Research，38：2429-2454.

MOORE G E，1903. The refutation of idealism[J]. Mind，12：433-453.

PERRY J，1977. Frege on demonstratives[J]. Philosophical Review，86，474-497.

PINKER S，1994. The language instinct[M]. New York：HarperCollins.

PINKER S，1997. How the mind works[M]. New York：W. W. Norton & Co.

SEYMOUR K J，WILLIAMS M A，RICH A N，2016. The representation of color across the human visual cortex：Distinguishing chromatic signals contributing to object form versus surface color[J]. Cerebral Cortex，26：1997-2005.

SKOKOWSKI P，1999. Information，belief and causal role[M]//MOSS L S，DE QUEIROZ R，MARTINEZ M. Logic，language and computation. Stanford：CSLI Press.

SKOKOWSKI P，2018. Temperature，color and the brain：An externalist response to the knowledge argument[J]. Review of Philosophy and Psychology，9(2)：287-299.

TYE M，1995. Ten problems of consciousness[M]. Cambridge：MIT Press.

ZEKI S，1993. A vision of the brain[M]. Oxford：Blackwell Scientific Publications.

第三部分

量子与心智影响世界观

第 16 章

绝对存在、禅与薛定谔的唯一心智

彼得·D.布鲁扎(Peter D. Bruza)[1]
布伦丁·J.拉姆(Brentyn J. Ramm)[2]

16.1　客观原则

　　回想一下你在学校第一次接触科学方法的情景,过程可能是这样的:在一小群学生中间放了一支蜡烛,老师要求点燃它。此后,需要记录一系列的观察结果,如火焰橙色部分的温度、蓝色部分的温度或蜡的温度。在不同的时间,需要测量蜡烛的高度,并记录蜡

---

①　彼得·D.布鲁扎是澳大利亚昆士兰科技大学科学部及信息系统学院教授,研究兴趣集中于认知科学与信息系统。
②　布伦丁·J.拉姆是澳大利亚弗里曼特尔城的一位独立哲学研究者。

的颜色或稠度的变化。通过这种方式或其他方式可以发现，科学包括对某些现象的观察，而这些观察是对某种现象的科学理解的输入。

然而，潜在的科学假设是什么往往无人可知，这些都是已知的。首先，定一个假设，即现象是一个"对象"。也就是说，蜡烛有明确的界限，可以将蜡烛与非蜡烛现象隔离和区分开。此外，蜡烛无疑是一个物体，这一点可以从给学生的说明中得出，如"被调查的物体"等。假设一个物体具有某些属性，这些属性的值可以通过"观察"来确定，即对某一属性进行测量，如某一特定的温度或火焰的特定颜色。它还假定这些性质是相互独立的，如测量蜡烛的高度不会影响蜡的颜色。另一种假设是，物体是一直存在的，如在不同的时刻，可以记录蜡烛的高度。在这样测量的每一个瞬间，毫无疑问，被观察和被测量的都是同一支蜡烛。

通常情况下，观察者不会说太多。我们只是被告知要观察蜡烛，但观察者是谁或是什么仍然是未知的，而且是多是少都与这个过程无关。我们仅被告知观察结果是"独立于观察者"的。通过观察蜡烛，我们心照不宣地明白，可以从阴影中观察物体，因为观察并不影响物体。最后，可以做出假设：即使不观察蜡烛，它仍然作为外部的物体而存在。

薛定谔，量子理论的创始人之一，将蜡烛场景的原理描述成"客观"的：

> 它也经常被称为我们周围实在世界的假设。我坚持认为，它相当于某种简化形式，通过它来了解无限复杂的自然问题。我们没有意识到它，也没有严格、系统地对待它，就将认知的主体排除在我们努力去理解的自然领域之外。我们和自己一起回到一个旁观者的位置，这个旁观者并不属于这个世界，通过这个过程，这个世界变成了一个客观的世界。

这段话摘自他的一本著作（Schrödinger，1992b），其目的是阐明科学方法背后的两个一般原则，"客观原则"便是其中之一。

这句话在很多方面都很引人注目，因为它似乎与上面列出的与观察蜡烛有关的假设相矛盾。首先，"假设"一词与"实在世界"的关系是被明确提到了的。作为理工科的学生，我们通常不会被引导去假设我们周围的世界是否真实，但如上所述，我们只是简单地接受了蜡烛存在于外部的实在中。其次，尽管我们被教导在进行观察时要有系统和严谨的思维和方式，但薛定谔指出，我们对其他事物，也就是他所称的"认知主体"，并不是系统和严谨的。在这一点上，我们不会详细讨论认知主体的含义，仅指出通过担任蜡烛观察者的角色，排除了某些看似有意义的事物，并且没有意识到某些东西被排除在外了。最后，他点明了一些非常不寻常的事情：我们"退居二线"当"旁观者"，可以让世界变得更"客观"。

16.2　输入认知主体

如果认为薛定谔的文章是对科学方法的批评，那就错了。相反，他在 20 世纪 40 年代初曾试图借助西方科学和心理学的理论去澄清科学方法。薛定谔指出，主体的认知是排除在原则之外的客观。若同时考虑客观，则主客关系的哲学问题也会随之而来。可以通过一个相关的历史背景来思考这个古老的问题。当量子理论发展时，似乎可以实现对主客关系的新见解。这是因为在对量子粒子进行实验时，观察者的选择对被观察的量子物体有明显的影响，观察者似乎不能在大背景中偷看到物体。例如，詹姆（Jammer）曾指出，帕斯卡·乔丹（Pascal Jordan）强调观测的行为创造了被观测的对象（Jammer，1974）。此外，乔丹似乎还考虑到了主观主义，即"我们自己产生了测量的结果"（Jordan，1934）。尽管一些量子理论的创始人倾向于主观主义，但它着实让当时和现在的许多物理学家感到不适。在此期间，量子物理领域是如何通过哥本哈根解释规避主观主义已经有了充分的记录，可参见文献（Rosenblum，Kuttner，2006）[①]。

薛定谔关于主客关系的立场并不是一种规避，而是从根本上切中要害。在文章的最后，他写道（Schrödinger，1992b）：

> 所有这一切都是从我们接受主客体之间古老的区分这一角度而言的。虽然在日常生活中我们必须接受它"作为实践的参考"，但我认为在哲学思想中应该放弃它……我面对的世界仅有一重，不是一个客观的世界和一个感知的世界，主体和客体是一体。存在于它们之间的障碍并不是因为物理科学领域近期有关经验的结果而被打破的，而是因为这个障碍其实并不存在。

薛定谔提到的"物理科学的近期经验"，暗指先前提到的重新考虑由量子物理学提出的主客关系问题。薛定谔的立场在两个方面是非正统的：① 主体和客体之间无二元性；② 唯一"被给予"的世界是真正被感知的世界。这与传统观点背道而驰，传统观点认为世

---

① 查尔姆斯（Chalmers）和麦昆（McQueen）论证了意识在瓦解波函数中的因果作用：它们假定了 m 属性的存在，而 m 属性永远不能叠加。每当一个叠加属性与一个 m 属性纠缠在一起时，它就必然会收缩成一个确定的状态。意识是 m 属性的自然候选者，因为它不能被叠加。例如，我无法在同一地点同时体验红色和非红色（Chalmers，McQueen，2014）。这个假设在理论上有以下优点：① 为测量问题提供了一个潜在的解决方案，特别是解释了为什么测量使波函数坍缩为一个确定的状态；② 赋予意识在物理世界中一个因果角色。薛定谔比查尔姆斯和麦昆的二元论更进一步，他认为物质世界实际上是由意识经验构成的。

界是独立于我们的感知而存在的。

16.3　禅与唯一心智主观主义

　　　　主体与客体是一体的感觉如眨眼般突然,这会导致一种深深的、神秘的、无言的理解。通过这一理解,你将领悟到禅宗的真理。

　　这是引用中国古代著名禅师黄檗的话(Blofeld,1958)。这句话的实质与薛定谔的观点是相同的,即主客一体是一种自发的知觉行为。此外,禅指出,这种知觉是一种不连续的感觉,因为它不只是简单地揭示了既存的非二元的实在形式。与黄檗的"感觉如眨眼般突然"相类似,薛定谔在给他的学生贝托蒂的一封信中写道(Bertotti,1985):

　　　　……当然,非常古老的印度俚语"这就是你"(TAT TWAM ASI,即主客是一体的),不是一种物理概念,而是一种形而上学的描述。它过于精简以至于让人无法理解。它不会被理智抓住,但它可能在某些时候像火花一样在你心中萌芽,然后就留在那里,并永远不会真正离开你,即使它并不是一个能让你好好地利用生命的每一分钟使用的准则。

　　在禅宗的历史上,有许多关于这种产生自知觉行为的故事。它们通常会通过一种特定的感觉方式来进行表达,例如,声音的感觉。

　　　　问:学人乍入丛林,乞师指个入路。

　　　　师曰:还闻偃溪水声否?

　　　　曰:闻。

　　　　师曰:是汝入处。

　　主体和客体的统一性是一种整体的体验,在听觉(主体)、听觉行为和被听到的事物(客体)之间没有区别。这样的体验直接破坏了观察者(主体)和感知蜡烛(客体)之间的区别和假定的分离关系。

　　如果主体和客体是一体的,那么是什么在进行观察呢? 这是禅宗中一个非常重要的问题。通常假设主体,即进行观察的主体,是个体大脑中意识的产物,因此以这种方式定义薛定谔的认知主体是可以理解的。但薛定谔本人并不认可这种定义,他拒绝这一理论有两个原因:首先,构建我们的世界绘景的物质,完全是从作为思维器官的感觉器官中产生的,因此每个人的世界绘景是其思维的一个构造,不能被证明有任何其他的存在(Schrödinger,1992a)。不出所料,在这个概念中是找不到心智本身的。其次,薛定谔指出，没有人观察过大脑或身体中的意识。科学家发现的只是数以百万计的非常特殊的细胞，它们的排列方式复杂得难以估量。薛定谔认为："无论你在哪里其实都是不确定的，然而生理学已经进步了，你是否会遇到鲜明的个性，你是否会遭遇可怕的痛苦，这都是灵魂中令人困惑的担忧。"总之，我们在世界上找不到心智，因为我们的世界图景是由心智构建的。此外，为什么我们有知觉的、有感知能力的、有思考能力的自我在科学世界图景中无处可寻？其原因可以很容易地用八个字来表示：因为它是世界绘景。它与整体是同一的，因此不能作为整体的一部分包含在整体中（Schrödinger，1992a）。因此，心智是世界绘景中的容器，而不是那幅绘景中的某物。

我们已经看到了薛定谔哲学方法的一些例子，这也是詹姆斯所采用的"激进经验主义"的精神。基于经验，他不赞同主体和客体的可分离性，并因此提出了独立世界的假设。这种方法，再加上哲学论证，进一步使他接受了这样的结论，即与许多意识相比，实际上只有一个意识存在，因此也就只有一个观察者存在。事实上，薛定谔在 20 世纪 50 年代声称他的世界观是受斯宾诺莎和叔本华（Schopenhauer）的影响形成的。特别是他在 30 岁时形成的观点，即《奥义书》（《Upanishads》）中呈现的"唯一心智"的观点（Bitbol，1999）。

贝托蒂是薛定谔的学生之一，显然他的观点与之密切相关（Bertotti，1985）。贝托蒂将薛定谔的世界观定义为"理性神秘主义"，并将其概括为：主要哲学主题，即所有存在者，特别是个体意识，都是唯一心智的表现。

他为什么会持这种观点？在一本著作中，薛定谔提到了不可避免的悖论，这些悖论来自于一个唯一的来源，他称之为"算术悖论"（Schrödinger，1992a）。他将这种悖论定义为"许多有意识的自我，用他们的心理体验构成了一个世界"，或者具体来说如下（Bertotti，1985）：

> 我相信，流传最广的态度是这样的：存在一个真实的世界，自然地解释了它带给 A 先生、B 先生等的印象是一样的。对我来说，"我们都生活在同一个世界"似乎是伟大且无法解释的奇迹……为什么惊讶呢？你看，我的世界是由我的感觉构成的，B 先生的世界是由 B 先生的感觉构成的。B 先生的感觉和我的感觉完全没有联系……可这两个由完全不同的感觉构成的"两个世界"竟同时出现，这难道不是一个难以解释的奇迹吗？

可以明显看出薛定谔存在与常识不同的观点，即 A 先生和 B 先生的感觉所对应的都是他们所感知到的相同的外部实在。他拒绝将世界双重化为表象和实在，也拒绝任何经验上的概念，如康德（Kant）所言的"自在之物"（Schrödinger，1992a），因此这样的解决方案对他来说是不可接受的。他也拒绝莱布尼茨的可怕的单子论。尽管莱布尼茨的观点本身避免了泛神论，且没有在事物中定位意识的错误，只是需要将宇宙分裂为众多非相

16 第16章
绝对存在、禅与薛定谔的唯一心智

互作用的世界。

薛定谔对算术悖论的解决再次采取了一种完全非正统的立场（Schrödinger，1992a）：

> 显然，悖论只有一种选择，即心智或意识的统一。它们的多样性只是表面上的，实际上只有一个大脑。这就是《奥义书》的教义，但也不仅限于《奥义书》，与神的神秘结合经常也需要这种态度。

薛定谔的观点是只有"唯一心智"，而不是个体意识。因此，唯一可能的观察者就是"唯一心智"。最后，薛定谔再次采用激进经验主义的方法提出以下观点（Schrödinger，1992a）：

> 同一性的学说声称，它已被经验的事实所证实，即意识从未以复数形式存在过，只有单数形式。不仅我们中没有人经历过多重意识，而且在世界上任何地方也没有任何间接证据证明多重意识曾经存在过。

从逻辑上来说，这个观察结果并不能得出结论，因为多重意识证据的缺乏并不等同于多重意识证据不存在。然而，根据经验主义的论点，没有证据能表明某些东西（如独角兽、荷马笔下诸神等）是不可信的。此外，现象学并不是单独存在的，而是与其他哲学和经验论证相结合的。

薛定谔是否曾尝试将他的基于"唯一心智"的世界观融入他的科学理论中呢？贝托蒂没有发现任何此类切实的尝试，然而在贝托蒂对薛定谔心愿的描述中，他确实暗示了存在这种尝试的可能性（Bertotti，1985）：

> 一方面，世界的本质统一源于它在个体意识之间的分裂，不是因为有令人信服的哲学论证，而是通过一种"神秘的"意识；另一方面，这种独立于单一观察者的"统一性"使量子力学变得不可接受，迫切需要一种新的理论。

悬而未决的问题是，一种科学理论能否围绕着"唯一心智"而发展，这样的问题似乎需要架起东方哲学与当代科学实在论之间的桥梁。本章的其余部分将不会试图展示这样一座桥梁，而是将重点放在时间的概念上，这也是这座桥梁的核心。

16.4　主体、客体、时间和现在

让我们回到观察蜡烛的场景中。回想一下，其中一个不言而喻的假设是物体（蜡烛）在时间中持续存在，观察者可以在不同的时间进行观察。尽管我们"退居二线"当"旁观者"，但可以合理地假设，如图16.1所示，观察对象在时间中同样持续存在。这张图代表观察者的两种状态,例如,＋1代表观察者正在关注蜡烛的状态,－1代表观察者处于分心的状态。通过这种方式,观察对象的状态可以建立一个模型,在有两个可能的状态空间中存在一个线性的时间轨迹。这种基于时间的观察模式的特征之一是观察者(主体)和被观察者(对象)之间看似的分离,但黄檗和薛定谔都否认这一观点。这一基于时间的叙述与黄檗所认为的"主体和客体是一体的感觉如眨眼般突然"形成了鲜明的对比,后者暗示了"唯一心智"的体验是一种间断。这种不连续的概念也符合薛定谔前面提到的观察结果,即它(一种意识)可能在某些情况下像火花一样在心中升起。但是,这种同步的状态会随着时间的推移而持续吗?

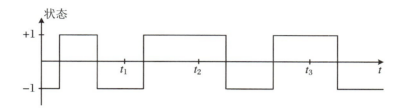

图 16.1 观察对象的意识状态

　　薛定谔在关于时间的哲学探索中,论述了科学和哲学是否可以阐明生命和死亡以及超越时间的宗教信仰。他赞同康德的看法,并解释如下(Schrödinger,1992c):

　　　　分散在空间中并明确定义"之前和之后"的时间顺序并不是我们所感知的世界性质,而属于感知心智。无论如何,感知心智在目前的状况下无法向空间和时间提供任何的记录。

　　薛定谔再次对空间和时间是否是客观世界的性质提出了质疑。他认为,即使我们确实接受客观世界的假设,那应该根据什么来决定一个经验的特征是属于我们的思想还是属于世界呢? 也就是说,根据薛定谔的看法,从康德那里吸取到的最深刻的观点源自叔本华对康德的解读(Schrödinger,1992c):

　　　　最重要的是,他形成了这样一种观念,即"心智或世界"很可能具有其他我们无法掌握且不包含空间和时间概念的形式。这意味着我们从根深蒂固的偏见中解脱出来,可能还有其他的不同于空间的出现顺序。

　　超越空间和时间的体验是什么样的? 它为何特别适用于"唯一心智"呢? 薛定谔再次从直接经验回答了这个问题(Schrödinger,1992a):

　　　　心灵的本质是一种奇异的律动。应该说心智的总数只有一个。我大胆地称它为不可摧毁的,因为它有一个特殊的时间表,即心智永远发生在现在。心智没有先后之分,只有一个包括回忆和期望的"现在"。

于是,根据薛定谔的观点,"唯一心智"是一种永恒的"现在"。他否认"之前"和"之后"适用于当下的体验。相反,"之前"和"之后"是由记忆和期待在永恒的现在构建的。

薛定谔对这个永恒的现在的现象学描述在精神传统中得到呼应,与禅宗有着特殊的亲缘关系,从铃木大拙(Suzuki Daisetsu)对禅宗的总结中可以明显看出(Suzuki,1954):

> 禅强调的是个人经验的问题,如果说有什么东西可以被称为彻底的经验主义,那就是禅。再多的阅读、再多的教导、再多的沉思也无法使一个人成为禅宗大师,必须在生命的流动中抓住生命本身。为了进行检查和分析而阻止这种行为便是一种扼杀,仅余冰冷无用的躯壳。

道元①(Dōgen)是日本 12 世纪的禅宗大师,他对世俗经验的描述与薛定谔的观点尤为相近。他是日本古代禅宗大师中最多产的作家之一,著有多种主题的文章(Tana-hashi,2010a,2010b)。与本章讨论相关的章节名为"当下"(有时被翻译为"目前")(Dōgen,2010)。

> 时间具有流动的特征。所谓今天流入明天,今天流入昨天,昨天流入今天。今天流进今天,明天流进明天。因为流动是时间的特征,过去的时间和现在的时间并没有重叠或并排。

这个观点与薛定谔的观点一致,因为它否认时间的线性连续性。在下文中,道元还暗示,意识的主客模式与正统的线性时间概念有关:

> 在你学习流动的过程中,如果你想象的目标在你自身之外,你流经成千上万个世界,那么成千上万世之中,你没有专心研习佛法。

在这里,道元假设了一个客观的宇宙,人在空间和时间中移动是虚幻的。这里最引人注目的一点是,客观的宇宙看起来是如此真实,以至于它不容质疑。然而,在禅宗看来,客观宇宙是一种近乎完美的幻象,"专心研习佛法"就是认真地质疑所假定的客观宇宙的实在性,以直接理解这个幻相的实在性。这种理解不是一种传统的理解,而是如黄檗所说的"无言的理解",它是通过体验"唯一心智"的知觉而产生的。这种禅宗对时空的主观理解再次反映在薛定谔的著作中,当他谈到有意识的心智时曾写道(Schrödinger,1992b):

> 它是一个舞台,也是这整个世界进程发生的唯一舞台,它是容纳这一切的容器,除它之外什么都没有。

有一位哲学家,他具有独特的地位,可以架起道元的时间观和薛定谔的"唯一心智"观之间的桥梁,他就是西田北太郎(Nishida Kitarō)。西田接受过佛教禅宗的训练,根据权威禅学家铃木的观点,西田的启蒙经历深刻地影响了他对实相终极本质的看法。在这

---

① 道元(Dōgen)禅师是日本两大主要禅宗之一曹洞宗的创始人。

篇文章的背景下,西田的经验可以被理解为薛定谔"唯一心智"的直接经验。和古代禅宗大师那样从精神的角度来写作不同,西田决心以一种当代哲学能够接受的方式来写关于实在的本质。有了这个选择,西田在无意中支持了薛定谔的理性神秘主义,因为他的哲学呈现为一种理性主义,提出分析实在,而实在是在深刻的宗教或精神经验的基础上掌握的。

虽然西田没有使用"唯一心智"这个术语,但他确实直接将其作为一种无边界的"绝对的现在"的自我。他认为(Raud,2004):

> 当我说我们自己是世界的唯一焦点,通过自我表现来决定我们的个性时,这并不意味着必须根据对象的逻辑来设想自我。确切地说,它是绝对的现在的一个独特中心,它自身包含着永恒的过去和未来。这就是为什么我称自我为绝对现在的瞬间自我……绝对存在的世界是一个半径无限、没有圆周的球体,它始终都有一个中心。

西田的观点指的是"客观的逻辑",是一些与薛定谔的客观化原理非常相似的东西。也就是说,当主体退后作为观察者,从而呈现出一个由对象组成的宇宙时,对象的逻辑就发生了。此外,西田的"绝对的现在"与薛定谔永恒"现在"的概念相呼应,但在西田看来,这个"绝对的现在"①也包括未来和过去。这个观点与道元的观点完全一致,"今天流入明天,今天流入昨天,昨天流入今天"。

与"客观的逻辑"相反,西田提出了"绝对矛盾的自我认同的逻辑"。科兹拉(Kozyra)认为,这一逻辑是西田的哲学基础,他的哲学深受禅宗实践的影响(Kozyra,2018)。科兹拉将西田的逻辑描述为"主体超越自身,'通过成为客体'来感知客体。我们以与世界绝对矛盾的自我认同来感知世界"。这一定义显然与薛定谔的"主体与客体合一的唯一心智"具有相同的本质。

西田的"绝对的现在"似乎是一个基于时间的术语,但他上面引用的这句话也主要指的是空间,他形容空间是无限的,没有中心。劳德(Raud)将"中心"解释为等同于一个个体主体或"有意识的自我"。他进一步论证了空间和时间的二分法是从这样一种自我的观点出发的。当这些时间和空间以"矛盾的自我索引"的观点结合时,这种二分法就被超越了。劳德强调,统一不应该被设定为在实在的语境之外,因为当自我决定自己是"绝对的现在"时,那么自我就是实在本身。这个实在反常地显示了一个无边界的空间,其中看似不同的现象没有分离,并且是一个包括永恒现在的时间的空间。这是在"绝对的现在"里,将薛定谔、道元和西田的思想汇聚在了一起(Raud,2004)。

---

① 西田在他的其他作品中也使用过"永恒的现在"这种表达方式。

189

16.5　结束语：时间之箭的错觉

本章中，我们研究了薛定谔对主客非二元论和"唯一心智"假说的看法。我们也展示了他是如何通过否认观察客体的客观时间和观察者独立的主观状态之间的关系来质疑主客体二元论的。对于薛定谔而言，空间和时间无论何时何地都属于观察者观察到的统一体，而不在其外部。薛定谔也通过哲学和神秘的体验模式，特别是在永恒的现在，寻求从时间中解放出来的方法。然而，作为一个科学家，他并不满足于这些哲学和神秘的方法本身，他的思想也受到科学发现的制约。最后，我们提出问题：他对时间的思考如何符合物理学的特性？

事实上，薛定谔相信时间的非客观性也得到了物理学的支持。在他对科学和宗教的思考中，他与神秘的时间之箭做了持久的斗争（Schrödinger，1992c）。问题在于，对于观察者来说，时间似乎以单一的方向从过去均匀地流向未来。然而，力学定律是对称的（Schrödinger，1992c）。时间之箭并不是这些定律的基础。因此，有理由相信世界可以像一部电影，既能倒放，也可以向前快进。为了解释这一点，薛定谔引用了玻尔兹曼的时间统计理论。玻尔兹曼证明时间之箭可以用热力学第二定律来解释，即一个系统趋向于更大的熵。也就是说，在这种观点下，时间并不是物理上的基本因素，相反，鸡蛋不破裂的原因不是因为它不能破裂，而是因为这本身是一个根本不可能的事件。对于薛定谔而言，时间之箭的统计理论为康德的时间是主观的理论提供了进一步的支持。然而，也有薛定谔没有解决的问题，即在量子理论的形式化中，时间既有客观的问题，也有根本的问题。

然而，有趣的是，许多最近的研究通过实验将热力学时间之箭与量子理论联系起来。一项研究表明，由于其粒子与周围系统的量子纠缠，子系统趋向于平衡（Linden et al.，2009）。这意味着一杯咖啡会因为它的粒子与周围空气粒子的纠缠而趋于冷却，达到平衡。另一项研究表明，当两个粒子最初进行量子力学关联时，时间的热力学箭头可以逆转（Micadei et al.，2017）。这说明时间的热力学箭头是相对于初始条件的，而不是绝对的。这些发现的重点在于，时间并不是事情发生的背景流，而是可以简化为系统本身的机制。时间是否最终会从包括量子理论在内的所有基本物理理论中消失？这是一个悬而未决的问题，目前朱利安·巴伯（Julian Barbour）已经在这方面取得了重要进展。

巴伯认为时间是一个基于变化的可推导概念。他提出了一种基于构型空间 $\mathcal{U}$ 的理论，$\mathcal{U}$的每个点都是宇宙中所有物质的特定构型（称为"现在"）。两点之间的路径是一条曲线，时间源于曲线上的点对应的构型之间的差异。巴伯理论的成果之一是它勉强支持了牛顿动力学（Barbour，2009）。

当薛定谔写下关于"唯一心智"的观点时，他在科学史上的崇高地位已经得到了肯定。然而，他在这些问题上的非正统观点却被忽略了，即使在今天，这些观点也相对而言不为人所知。与此同时，量子理论已经成为人类有史以来最成功的理论之一。迄今为止，由量子理论提出的诸如主客二元论等难题仍未得到解决。然而，有一些小迹象表明，这些基础性问题正在被重新审视。例如，马林从西方哲学的角度对量子理论的基础进行了有趣的描述。他的书中非常引人注目的是第三部分，题目是"物理与唯一"（Malin，2003）。根据薛定谔的观点，马林认为科学的下一步是超越主客体二元论。对此，他提出了一个发人深省而又大胆的问题，即追求心智的统一需要超越主客体模式，但科学究竟能否参与这一探索呢？

参 考 文 献

BARBOUR J，1999. The end of time：The next revolution in physics[M]. Oxford：Oxford University Press.

BARBOUR J，2009. The nature of time[Z]. arXiv：9003.3489v1.

BERTOTTI B，1985. The later work of E. Schrödinger[J]. Studies in History and Philosophy of Science，16(2)：83-100.

BITBOL M，1999. Schrödinger and Indian philosophy[EB/OL]. [2018-09-06]. http://michel.bitbol.pagesperso-orange.fr/Schrödinger_India.pdf.

BLOFELD J，1958. The Zen teaching of Huang Po[M]. New York：Grove Press.

CHALMERS D，MCQUEEN K，2014. Consciousness and the collapse of the wave- function[EB/OL]. http://ieet.org/index.php/ IEET/more/chalmers20140806.

DŌGEN，2010. The time being[M]//TANAHASHI K. Treasury of the true Dharma eye：Zen master Dōgen's Shobo Genzo：Vol. 1. Boston：Shambhala.

JAMES W，1976. Essays in radical empiricism[M]. Cambridge：Harvard University Press.

JAMMER M，1974. The philosophy of quantum mechanics：The interpretations of quantum mechanics in historical perspective[M]. New York：Wiley.

JORDAN P，1934. Quantenphysikalische bemerkungen zur biologie und psychologie[J]. Erkenntniss，

4: 215-252.

KOZYRA A, 2018. Nishida Kitaros philosophy of absolute nothingness (zettaimu no tetsugaku) and modern theoretical physics[J]. Philosophy East and West, 68(2): 423-446.

LINDEN N, POSPESCU A, SHORT A, et al., 2009. Quantum mechanical evolution towards thermal equilibrium[J]. Physical Review: E, 79(6): 061103.

MALIN S, 2003. Nature loves to hide: Quantum physics and reality, a western perspective[M]. New York: Oxford University Press.

MICADEI K, PETERSON A, SOUZA R, et al., 2017. Reversing the thermodynamic arrow of time using quantum correlations[Z]. arXiv: 1711.03323.

RAUD R, 2004. "Place" and "Being-Time": Spatiotemporal concepts in the thought of Nishida Kitaro and Dogen kigen[J]. Philosophy East & West, 54(1): 29-51.

ROSENBLUM B, KUTTNER F, 2006. Quantum enigma: Physics encounters consciousness[M]. Oxford/New York: Oxford University Press.

SCHRÖDINGER E, 1992a. The arithmetic paradox: The oneness of mind[M]//SCHRÖDINGER E. What is life? With mind and matter and autobiographical sketches. Cambridge: Cambridge University Press.

SCHRÖDINGER E, 1992b. The principle of objectivation[M]//SCHRÖDINGER E. What is life? With mind and matter and autobiographical sketches. Cambridge/New York: Cambridge University Press.

SCHRÖDINGER E, 1992c. Science and religion[M]//SCHRÖDINGER E. What is life? With mind and matter and autobiographical sketches. Cambridge/New York: Cambridge University Press.

SUZUKI D T, 1954. An introduction to Zen buddhism[M]. New York: Grove Press.

TANAHASHI K, 2010a. Treasury of the true Dharma eye: Zen master Dogen's Shobo Genzo: Vol. 1 [M]. Boston: Shambhala.

TANAHASHI K, 2010b. Treasury of the true Dharma eye: Zen master Dogen's Shobo Genzo: Vol. 2 [M]. Boston: Shambhala.

第 17 章

语义鸿沟与原型语义学

本杰·赫利(Benj Hellie)[①]

当某一方面的意义与其他方面很不同时,"语义鸿沟"便由此划分出了两个不同的语言区域,这里的"鸿沟"指的是从心智语言中划分出的物质语言,包括普通或科学的,经典或量子的。这在过去的一篇广为流传的哲学文献中被讨论了近半个世纪(也许还有更为古老的文献),目的是试图确立其存在并阐释意义。在我看来,鸿沟的确存在,但已有的文献却曲解了它的意义。

关于意义从本质上或根本上是什么的"原型语义"问题,其来源是一个普遍存在,但从根本上看是错误的假设:意义大致上被认为是一种表征,意义理论则更清晰地被认为是一种必然强加在世界上的真理条件的理论。尽管这种假设很普遍且受人遵从,但充其量它只在局部的特殊情况下是可行的,最坏的情况是由于对那个特殊情况的误解而导致的严重简单化。但无论如何,它肯定是可选的。因为在一个可行的选择上,意义大体上是一种表达;更清晰地说,意义理论必然是强加在我们心理状态上基于认可的理论。

---

① 本杰·赫利是加拿大多伦多大学哲学系教授,研究兴趣集中于心灵哲学、认识论、分析哲学等。

赞同条件主义（Endorsement-Conditionalism）将意义的"视角"从世界转移到了心智，标志着与传统的长期霸权真理条件性的根本相背离，但它也与更古老的广义"科学主义的"观点大相径庭，过分强调"客观性"，淡化"同理心"。甚至更好的是，通过使用中心真值条件装置的广泛连续性，启动了成本最小化的条件。然而，就目前的意义而言，它对语义鸿沟现象的理解是非常不同的。在我看来，这是一个非常可取的观点，没有给人造成二元论、副现象论和分裂的"分离主义"心理印象。

17.1节概述了各种语义鸿沟现象："解释鸿沟"、"认知鸿沟"（以"黑白玛丽"为例）、"假定鸿沟"（以所谓的僵尸"可想象性"为例）。17.2节通过将它们与逻辑结果和意义联系起来，给出了这些是"语义的"意义，或多或少勾勒出了真理条件语义学的最新框架，并从语义鸿沟现象中提取了各种令人沮丧的结果，如反物质主义、副现象论、"分离主义"等。17.3节概述了赞同条件主义的替代性方案，并分析了与"模拟主义"紧密结合的心理句子的"表现主义"。根据该分析，关于心理的推理涉及"移情"，这里类似于假设。17.4节提供了语义差异上的赞同条件主义："表现主义"阻碍了令人沮丧的结果；运用叙述的各种细节来分析各种语义鸿沟现象，尤其是认知鸿沟被追溯为移情的缺陷；赞同条件主义背后的"三价"切断了从认知到虚拟的鸿沟，"僵尸"与"倒置"都被证明是不可想象的；这种解释上的鸿沟可以追溯为关于物质与心智推理之间的一个基本的"观点转变"。

17.1　语义鸿沟现象

近年来学者们对各种语义鸿沟现象进行了研究。我改编了查尔姆斯提出的概述/系统化，以简述三个不同的范例（Chalmers，2002）。

第一个语义鸿沟现象是解释鸿沟，它涉及物质事实的整体所无法解释的心理事实。莱布尼茨著名的"磨坊说"就是一个早期的例子（Leibniz，1714，1991）：

知觉与依赖知觉的东西，在机械的基础上是无法解释的，即无法通过图形与运动去解释。假设有一台机器，它的构造是为了思考与感知，那便可以将它看作体积增大了，但又同时保持了相同比例的磨坊，这样人们可以轻松进入其中。既然如此，当研究它的内部时，应该只能找相互作用的部分，而不是找任何一个解释知觉的东西。

莱文（Levine）曾发起对解释性鸿沟的当代讨论，并为之命名。他观察到，C-纤维放电的发现让我们无法解释的是为什么疼痛会有这样的感觉，因为似乎没有能使C-纤维放电自然地"符合"疼痛的现象属性,这一点与它符合其他一些现象属性一样(Levine,1983);查尔姆斯早期论文的核心是解释性鸿沟(Chalmers,1995):为什么物质过程应该带来丰富的内在生活?这在客观上似乎不合理。这一点解决了后续解释性挑战的"难题"。查尔姆斯认为,即使一个人已经解释了意识辨别、整合、通道、报告、控制的所有相关功能,仍然可能存在一个更进一步的问题,即为什么这些功能的执行都伴随着经验(Chalmers,2002)?

第二个语义鸿沟现象是认识鸿沟,即对心理事实的认识和对物质事实的整体认识是不够的。一个相对较早的说法是布罗德(Broad)关于"数学大天使"的讨论(Broad,1925):

> 他(大天使)准确地知道氨的微观结构必须是什么样的,但他完全无法预测具有这种结构的物质一定有气味,就像氨水的味道进入人的鼻子一样。他在这个问题上所能预测的最大限度是黏膜、皮肤嗅觉神经等会发生某些变化。但他不可能知道这些变化通常伴随着一种气味的出现,尤其是氨的异味,除非有人告诉他或者他自己闻到了。

现有的文献中包含了两个特别引人注目的讨论:纳格尔哀叹道,尽管他想知道身为蝙蝠是什么感觉,但却受到了远超物质的无知障碍阻碍(Nagel,1974);杰克逊(Jackson)提出了"黑白玛丽"的设定,这位被困在单色环境中的色彩科学家认为:如果玛丽能看到颜色,那么很明显她会学到东西。尽管她以前的知识还不完整,但她拥有所有的物质知识(Jackson,1982)。查尔姆斯的概述肯定了杰克逊的评价:尽管玛丽有很多知识,但她不知道看到红色是什么感觉,即使是全部的物质知识和不受限制的推理能力也无法使她知道这一点(Chalmers,2002)。

第三个语义鸿沟现象是假定鸿沟,尽管保留了物质事实的整体性,但心理事实仍然被一致认为是不存在的。笛卡儿早期认为,虽然可以假装我没有身体、没有世界、没有可以待的地方,但我不能假装我不存在(Descartes,1985)。现有的文献倾向于独立性的相反方向,正如纳格尔所认为的,笛卡儿的论点也有如下"倒置"的版本,但他从未使用过,即没有思想的躯体的存在就像没有躯体的思想的存在一样是可以想象的(Nagel,1970);克里普克(Kripke)也对此进行了同样的比较(Kripke,1980)。查尔姆斯的概述转述了这样的观点:一个肉体与知觉并存,但完全缺乏意识的实体系统,我们可以称其为"僵尸"。许多人认为我们可以尽情想象"僵尸",即使处于内省状态也不会出现自相矛盾的想法(Chalmers,2002)。他对"倒置"的观点也是类似的,虽然主体有意识,但与相应的实际主体还是有很大的不同。

定的概念。理想情况下,此类过程的结果能够准确预测。如果因果关系可以以不同的方式定义,那首先应在相对论或局部意义上定义,其次是在量子理论概率意义上定义。量子预测的概率或统计特征必须通过 QM 的实在论解释或其他理论(如波姆力学)来维持,以与仅可能进行概率或统计预测的量子实验保持一致。这是因为重复准备相同实验的结果通常会导致不同的结果,并且与经典物理学不同,无法通过改善测量工具(如不确定性关系所示)来缩小这一差异,使其超出普朗克常数(Planck's Constant)h 所定义的极限。即使我们拥有完善的仪器,这种关系也仍然有效。

　　RWR 类型的解释确实假设了上面定义的实在的概念,即假设存在的实在,与实在论理论相反,没有对这种存在的特征做出任何声明,这就是使这个实在成为"没有实在论的实在"(Plotnitsky,2016;Plotnitsky,Khrennikov,2015)。这种解释将量子对象和过程置于表象之外,"弱 RWR 观点",或者更直接说,超出了概念,即我采用的"强 RWR 观点"。并非所有哥本哈根精神的解释都能走得那么远,事实上,很少有人这样做。因此,尽管有迹象表明海森伯在最终解释中已趋向于强烈的 RWR 观点,但他从未明确表达过自己持有强烈的 RWR 观点。量子对象的存在导致这种理想化的原因(仍然是理想化)是因为它们是对我们观察到的世界(特别是对实验技术)的影响中推断出来的。但在 RWR 观点中,实验之间发生的事情没什么可说的,在强 RWR 观点中更是无可想象。海森伯认为:在初始观察和下一次测量之间,并未描述系统发生了什么事,在两个连续观测之间的量子理论过程中"描述发生了什么"的需求在形容词中是矛盾的,因为"描述"一词指的是经典概念的使用,而这些概念不能应用于观测之间的空间,它们只能应用于观察点(Heisenberg,1962)。

　　RWR 类型的解释使经典的因果关系的缺失几乎是自动的,如果人们采用强烈的 RWR 观点,则这种缺失是完全自动的。RWR 观点将实在的最终本质置于概念之外,因为假设这种本质是经典的因果关系,至少意味着对这个实在的部分概念。但即使采用弱 RWR 观点,这仅排除了这一实在的表示,在考虑量子现象时仍难以维持经典的因果关系。这是因为这样做需要一定程度的表示,类似于古典物理学中的表示,而不确定性关系似乎阻止了这种表示。薛定谔在他的猫悖论中表达了这一困难,即如果一个经典状态在任何时刻都不存在,那么它几乎不可能发生因果变化。其中,经典状态是由一个物体在任何(理想的)时刻的确切位置和动量所定义的(Schrödinger,1935)。

　　然而,因果关系的问题是一个微妙的问题,因为人们可以定义一些非经典的因果概念,这值得进一步讨论。我将对不确定性、随机性、偶然性和概率的概念进行描述,以避免在本章中对这些概念的定义产生误解,因为它们也可以用其他方式定义。不确定性和偶然性也可能有不同的理解。然而,这些差别在这里并不重要,为了方便起见,我将只提到不确定性。一个不确定事件,包括随机的事件,可能是也可能不是由一些潜在的经典的因果过程产生的,无论其过程是否可行。第一个最终结果定义了经典的不确定性或随机性,被认为是一个隐藏的经典因果的基础;第二种定义了不可能的不确定性和随机性。第二个不确定性或随机性概念的本体论有效性得不到保证:不可能确定一个表面上不确定或随机的序列实际上是不确定或随机的。这一概念是一种假设,只有在基于它发展出一种有效的理论或解释时,才可能在实践中得到证实。

我想从 RWR 类型这一角度对概率统计在量子理论中的作用做两点评论,这些观点不能使这个主题达成一致(Khrennikov,2009;Háyek,2014)。概率由于其相关性、不可简化的未来性和离散性而具有特殊的时间结构,因为人们只能可验证地估计未来的离散事件。虽然总体上是正确的,但这也完全符合所有量子事件的最终特征。在 RWR 类型的解释中,我们无法连续地,尤其是通过经典的因果关系将它们联系起来,且仅基于概率或统计预测。同样,即使在处理基本的个别事件中,这也是可能的。QM 或 QFT 只是关于估计离散的未来事件的结果,而对这些事件之间发生的事情却只字不提。

关于概率的第二个方面,我认为随机性或不确定性将一种混沌元素引入秩序中,并揭示了即使自然界的最终构成被认为是经典的因果关系,世界也以这种元素面对我们。也可以假设随机的本体论最终以此秩序为基础,从而产生了一种虚幻的思想产物,这种假设尽管并不常见,但自前苏格拉底时代(Pre-Socrates)以来一直存在。古希腊人所设想的另一种本体论是机会和必然性的相互作用,由德谟克利特(Democritus)作为自然的原子论本体论引入,并由伊壁鸠鲁(Epicurus)和卢克莱修(Lucretius)所发展(Lucretius,2009)。然而,经典的因果本体论已经并且仍然占主导地位。在任何情况下,概率都会给我们遇到的随机性或不确定性带来一定程度的秩序。因此,概率或统计也与不确定性或随机性和秩序的相互作用有关,但和我们与世界的相互作用有关。这种相互作用在量子物理学中具有独特的意义,因为存在量子相关性,如在爱因斯坦-波多尔斯基-罗森(简称EPR)类型的实验中发现的 EPR 或(被称为)EPR-贝尔相关联,并在离散变量的情况下考虑了贝尔-科亨-斯派克定理,以及相关发现。这些相关性是统计顺序的一种形式。量子力学正确地预测了它们,因此量子力学既关乎不确定性或随机性,也关乎顺序,最重要的是关乎它们在量子物理中的独特组合。事实上,在某些情况下,不确定或随机的个体事件在统计上是相关的,因此有序的多重性是量子物理学中最大的谜团之一。

回到因果关系的问题上再来考虑经典的因果关系的两种选择。"因果关系"一词通常是根据狭义相对论的要求使用的,它将原因限制为发生在事件的过去光锥中的那些原因,而这种现象被视为是由该原因所引起的,任何事件都不能成为该事件的未来光锥之外的任何事件的原因。没有任何物理原因能比真空中的光速 c 更快地从现在传播到未来,这一要求也意味着时间局域性。从技术而言,这一要求仅通过相对论的前提假设(时间局部性)限制经典的因果关系,而相对论本身是经典的因果关系,实际上就是确定性理论。

因此，相对因果关系是一种更普遍的概念或原则的表现，该原理指出，不允许在空间上分离的物理系统之间即时传递物理影响（"远距离作用"），或者物理系统只能受到其直接环境的物理影响。通常，空间或时间上的非局部性都被视为不可取的。正如玻尔在他对 EPR 的看法中所指出的那样，至少在非实在论的 RWR 类型的理论和量子现象本身的解释中；标准 QM 避免了这种情况的发生，即使在特定的情况下，如 EPR 类型的实验，QM 可以对空间分离系统的状态做出预测。然而，对玻尔的论点至关重要的是，做出这些预测和验证它们的物理环境是局部的（Einstein et al.，1935；Bohr，1935；Plotnitsky，2016）。QM 或量子现象的局部性问题是一个充满争议的问题，特别是在贝尔和科亨-斯派克定理（Kochen-Specker Theorems）及相关发现出现之后。尽管这个问题从 20 世纪 20 年代后期提出以来，在玻尔-爱因斯坦辩论（Bohr-Einstein debate）中一直存在争议。这些辩论无法在本章范围内解决，涉及这些主题的文献几乎与 QM 的解释一样多（Bell，2004；Cushing，McMullin，1989；Ellis，Amati，2000；Brunner et al.，2014）。

最后，我提出了量子因果关系的概念。这里参照了玻尔的互补概念，他认为互补是因果关系的一种概括。互补定义为：

（1）某些现象、实体或概念的互斥性；

（2）在任何一点分别考虑其中每一项的可能性；

（3）在不同时刻考虑所有这些因素的必要性，以便对量子物理中必须考虑的现象的总体进行全面的解释。

作为玻尔 RWR 类型的解释所基于的量子理论概念，互补可以看作为以下事实的反映：在与经典物理学或相对论的根本背离中，相同量子物体的行为。例如，电子在所有情况下，特别是在互补情况下，都不是由同一物理定律单独或集体地支配的。另一方面，QM 的数学体系在所有情况下都提供了正确的概率或统计预测，不可能有其他预测。

正是这种概率性或统计性确定，决定了我们所谓的"量子因果关系"，这是由于我们有意识地决定了在给定的时间执行哪个实验可能会产生什么结果。无论记录量子事件的是什么，概率或统计上都定义了一组可能的、可预测的未来事件，以及可能的未来实验的结果。这个定义符合量子信息理论中最近的因果关系（Brukner，2014；D'Ariano et al.，2017；Hardy，2011）。不同之处在于它考虑了我们对所进行的实验的有意识决定，而这一点很少被考虑，但正是这种决策的作用才发挥了互补，因为任何此类决策都不可避免地排除了我们对其他互补事件进行预测的可能性。

现在，人们可以理解玻尔所指的互补是因果关系的概括（Bohr，1987）。一方面，在物理学中，我们有操作测量仪器的自由和实验理念的特征，我们对要进行哪种实验的"自由选择"对于互补是至关重要的（Bohr，1935）。另一方面，与古典物理学或相对论相反，执行关于我们想做的事情的决策将使我们仅做出某些类型的预测,而排除了某些其他互补的类型的预测的可能性。互补定义了可以或不可以分配实在的可能性,分配哪个实在取决于我们执行哪种实验的决策。

20.3　量子时间性

　　互补和量子相关带来了意识和未来时空性,它们定义了我们对量子事件的预测以及在量子因果关系中定义了量子事件本身的过程。当然,这并不意味着过去的概念会在处理量子现象时迷失:过去是通过在量子点中进行的测量所定义的,就像现在是由给定当前时刻定义的,一样通过可能的未来测量来定义可能的未来时刻,这些未来测量都与相应的量子现象有关,在该级别上应用了经典概念(如空间、时间、运动等)和经典物理学。它们是经验的时空连续性的一部分,在这里也可以像在古典物理学或相对论中一样使用动钟(或动棒)。应记住,相对性会根据它们的局部性改变动钟或动棒的行为。在参考框架中,排除了通用动钟的可能性。在 RWR 类型的解释中,这些概念(包括时间)不适用于量子对象及其行为,因此也不适用于量子现象的发生或关联方式,因为它们是通过离散性、互补性或量子相关性产生的,所以超出了代表范围,甚至超出了概念。量子现象的不可约的离散性,即不可能假设存在连续的,特别是因果关系的连接过程,使时间在技术上与任何时间概念"混乱"。但在任何情况下,时间都是可以通过动钟以经典物理学或相对论中的方式来测量,并通过意识进行记录。允许"重整乾坤"的是量子因果关系,为我们有意识的决定所指导,由 QM 或 QFT 的能力为我们提供正确的概率或由该决定确定的未来实验结果的统计数据。

　　同时,量子理论只能预测未来的现象或事件,却无法通过度量来跟踪任何过去的事件,而是使用局部的"时间箭头",这也许还表示为可用的世界流形(如可观察的宇宙)的全局"时间箭头",假设后者是最终的量子构造。但是,我只能将其作为一种可能性来提及,因为目前没有微观引力理论,尚不清楚这种构造。因此,与广义相对论和量子理论相协调的任何事物都可能不是量子。我将限制自己使用量子物理学中的局部时间箭头。如果采用 RWR 观点,那么只能说时间和时间箭头是量子现象中表现出来的效果,因此可以客观地加以对待,而不是量子对象和行为的水平,这才是这些效应的效力。时间的概念只能应用于空间或运动之类的其他任何概念。

　　在这里,可以说什么是"不可想象的时间",即在无法观测到的事件的连续记录时间

的情况下，量子对象和行为的不可想象的实在支配着观测事件的这种离，
可思议的时间"是指那些不可思议的层级，这些层级负责暂时性影响，以至
些影响的效力。这个程度是有限的，因为永远无法完全确定最终导致这种。
然而，在考虑时间的影响时，可以假设诸如"不可想象的时间"之类的东西，也
间的实在基础，并且就时间的观点而言，在物理学、哲学、心理学或其他方面可
些说明。时间不可想象是真实的，在目前看来，它属于物质，而时间最终属于思。
仅属于有意识的思想。此外，爱因斯坦清楚地认识到，时间是理想化的。潜意识的
"暂时性"可能是不可想象时间的，类似于量子物理中发现的那样。事实上，弗洛伊
（Freud）在考虑潜意识时用德语术语"潜意识"，即不可知的（Freud，2015）。看起来不
思议，但其实很有可能，即使对弗洛伊德本人而言并非这样。德里达（Derrida）的观点
认为：

> Now B（按照胡塞尔的计划）由 Now A 的保留和 Now C 的存在所构成。尽
> 管接下来会有很多事情发生，但由于三个 Now 本身已经复制了相同的三重结
> 构，因此这种连续性模型将阻止 Now X 取代 Now A。例如，将禁止通过意识无
> 法接受的延迟来决定一种体验，而这种体验在当下就不能由先于"之前的"当下
> 来确定。这是弗洛伊德所说的延迟效应的问题。他所指的时间性不可能导致
> 意识或存在的现象学，人们可能会怀疑这里所讨论的一切（包括时间、存在、现
> 在的效力等）有什么意义（Derrida，2016）。

被胡塞尔现象学（Husserl's Phenomenology）概念化为存在的线性序列的意识时间，
可能隐藏着并且被无意识地抑制，其功效可能是时间无法想象的，类似于功效中发现的
时间的量子现象。胡塞尔的时间顺序模型最多是经验的理想化，而不是经验本身。根据
爱因斯坦的说法，物理上所用的时间，由动钟来定义，甚至可以将该模型进一步理想化，
本质上是将胡塞尔的概念数学化（Weyl，1952）。从亚里士多德（Aristotle）、伽利略到爱
因斯坦，甚至包括量子物理学，这种理想化都对物理学起到了很好的作用，量子物理学在
处理量子现象时使用了动钟和相应的时间概念，但它告诉我们这个或任何关于量子的概
念时间不能适用于最终的量子实在。人们可以将这种结构称为"量子时间性"，它实际上
与量子因果关系相关。这种观点超出了本体和事物本身与现象之间的康德式差异，而这
正是我们思想中的典型体现。尽管事物本身是知识之外的，但它们也不是超出概念的，
即使这种概念的真实性不能得到保证（Kant，1997）。在强烈的 RWR 观点中，不可思议
的事情包括不可思议的时间，都是无法想象的。

思考一下，已知的宇宙的历史大约 138 亿年，这是一个从大爆炸中延伸出来的时间
箭头。这个事实是客观的，它的意义如下：宇宙的物质构成中存在某种事物，从我们的身
体和大脑开始与我们的测量仪器进行交互，使我们可以客观地进行沟通和验证。但在

RWR 的观点中,造成这种可能性的真正原因是我们的能力超出了认识范围,或者在强大的 RWR 观点中,甚至在没有构想的情况下,我们也无法设想这一观点,至少从现在看来,宇宙是量子的(Plotnitsky,2016)。然而,即使不假定它的量子性质,像空间和时间这样的概念,被动棒、动钟或其他东西所定义的人类,源于进化生物学和神经学本质所定义的经验,不属于宇宙的构造。然而,量子物理从根本上阻止我们使用它们来考虑量子对象和行为,而是允许我们使用它们来考虑量子现象,这种适用性(正如在经典物理或相对论中的客观性)使我们能够把量子物理作为自然的实验数学科学。

根据科尔曼(Coleman)的观点,数千年的历史中,成千上万的哲学家在寻找最不可思议的事物时,他们可能永远也找不出像量子力学这样不可思议的事物(Randall,2005)。这可能是真的! 但可以通过我们与自然、思想、大脑和技术的互动来定义,这种怪异现象也是我们思想的产物,从而将思想与量子联系起来。也许诗人可以做得更好。莎士比亚笔下的哈姆雷特就碰上了"时局混乱"。在这里,我可以用哈姆雷特对霍雷肖(Horatio)的评价来收尾:

霍雷肖,天地之间有许多事情,

是你的哲学所无法想象的。

有些版本将其中"你的哲学"写作"我们的哲学"。这里的"你的哲学"让哈姆雷特更加怀疑哲学,让他更像一个物理学家。正如尼采(Nietzsche)所言,物理学帮助我们发现这些东西,以帮助哲学理解它们,并保持它的真实。"因此,物理学万岁!"《哈姆雷特》源于丹麦,这是一部质疑实在论和因果关系的戏剧,和任何文学作品或哲学著作一样。同样在丹麦,物理学中的挑战定义了量子理论的哥本哈根精神。

参 考 文 献

BELL J S,2004. Speakable and unspeakable in quantum mechanics[M]. Cambridge:Cambridge University Press.

BOHR N,1935. Can quantum-mechanical description of physical reality be considered complete?[J]. Physical Review,48:696-702.

BOHR N,1987. The philosophical writings of Niels Bohr,3 vols[M]. Woodbridge:Ox Bow Press.

BRUKNER C,2014. Quantum causality[J]. Nature Physics,10:259-263.

BRUNNER N,GÜHNE O,HUBER M,2014. Special issue on 50 years of Bell's theorem[J]. Journal of Physics A，42：424024.

CUSHING J T，MCMULLIN E，1989. Philosophical consequences of quantum theory：Reflections on Bell's theorem[M]. Notre Dame：Notre Dame University Press.

D'ARIANO G M，CHIRIBELLA G，PERINOTTI P，2017. Quantum theory from first principles：An informational approach[M]. Cambridge：Cambridge University Press.

DERRIDA J，2016. Of grammatology (Spivak G C Tans)[M]. Baltimore：Johns Hopkins University Press.

EINSTEIN A，PODOLSKY B，ROSEN N，1935. Can quantum-mechanical description of physical reality be considered complete? [M]//WHEELER J A，ZUREK W H. Quantum theory and measurement 448. Princeton：Princeton University Press.

ELLIS J，AMATI D，2000. Quantum reflections[M]. Cambridge：Cambridge University Press.

FREUD S，2015. The unconscious[M]//FREUD S. General psychological theory. New York：Collier，1963.

HARDY L，2011. Foliable operational structures for general probabilistic theory[M]//HALVORSON H. Deep beauty：Understanding the quantum world through mathematical innovation. Cambridge：Cambridge University Press.

HÁYEK A，2014. Interpretation of probability，Stanford encyclopedia of philosophy（Winter 2014 ed.）[EB/OL]. [2018-09-26]. http://plato. stanford. edu/archives/win2012/entries/probability-interpret/.

HEISENBERG W，1930. The physical principles of the quantum theory[M]. ECKHART K，HOYT F C，Trans. New York：Dover.

HEISENBERG W，1962. Physics and philosophy：The revolution in modern science[M]. New York：Harper & Row.

KANT I，1997. Critique of pure reason[M]. GUYER P，WOOD A D，Trans. Cambridge：Cambridge University Press.

KHRENNIKOV A，2009. Interpretations of probability[M]. Berlin：De Gruyter.

LUCRETIUS T C，2009. On the nature of the Universe[M]. MELVILLE R，Trans. Oxford：Oxford University Press.

PLOTNITSKY A，2012. Bohr and complementarity：An introduction[M]. New York：Springer.

PLOTNITSKY A，2016. The principles of quantum theory，from Planck's quanta to the Higgs boson：The nature of quantum reality and the spirit of Copenhagen[M]. New York：Springer.

PLOTNITSKY A，KHRENNIKOV A，2015. Reality without realism：On the ontological and epistemological architecture of quantum mechanics[J]. Foundations of Physics，25(10)：1269-1300.

RANDALL L，2005. Warped passages：Unraveling the mysteries of the universe's hidden dimensions ［M］. New York：Harpers Collins.

SCHRÖDINGER E，1935. The present situation in quantum mechanics［M］//WHEELER J A，ZUREK W H. Quantum theory and measurement［M］. Princeton：Princeton University Press.

WEYL H，1952. Space time matter［M］. BROSE H L，Trans. Mineola：Dover.

译后记

　　在写这篇译后记时，我博士毕业从事博士后研究工作已经一年多了。本科和硕士的七年里我主修心理学，博士的三年里我专攻哲学，现在从事的博士后研究工作也是依托科技哲学系，所以哲学与心理学的交叉研究与我的研究方向较匹配。后来，我渐渐地将自己当前的研究方向聚焦于认知科学哲学。沿着这一方向，我于去年成功申请到了一项中国博士后科学基金面上项目和一项安徽省哲学社会科学规划青年项目，也陆续为本科生和研究生开设了"实验哲学"和"认知科学哲学"课程，并开始着手撰写相关的研究论文。随着对认知科学哲学思考的不断深入，我逐渐对量子认知（Quantum Cognition）这个领域心驰神往。量子认知是当代认知科学中的一门新型的边缘学科，通过运用量子力学理论的数学方法对认知科学领域的现象建构模型，并从哲学的高度和深度去剖析这些现象的深层次意义。本书的主题便是量子认知，因此当我接触到英文原著并粗略读完第一遍后，便决定要将这本书翻译为中文出版。无论是量子力学、量子纠缠还是量子通信，或者是量子科学技术领域的其他最前沿进展，它们背后的哲学底蕴，都值得当代哲学研究者去品味和诠释。希望这本译著的出版，能在一定程度上推动国内哲学界对于量子认知哲学的进一步思考以及量子科学界对于前沿量子科技背后哲学意义的探索。

　　首先，我要感谢徐飞教授，没有他的全力支持也就没有这本译著的面世。从我刚开始读博士起,徐老师从未"嫌弃"我是哲学的"门外汉",一直鼓励我多看书、多读文献,打牢哲学基础、培养哲学思维、锻炼哲学论文写作的能力。多年来,徐老师资助我购置了近百本哲学类书籍、鼓励我参加各类哲学会议、为我推荐了多名哲学领域的知名学者,甚至在我刚入职博士后没有办公室的情况下主动让我使用他的办公室。如果不是平时这些点点滴滴的关心和爱护,我恐怕无法在哲学这条路上走下去,也就无法翻译出这本书。徐老师很尊重我的想法,从未强迫我做我不喜欢的研究和事情。他非常注重传授做人和做事的准则,多次从细节和点滴小事中启发我。徐老师高风亮节、德高望重,是我终生学习的榜样。

其次,我要感谢张林教授,没有他多年来倾尽全力的支持,我无法在心理学探索之路上一直走下去。作为学院领导和心理学科带头人,尽管行政工作和学科发展事务非常繁忙,但他自始至终对我的科研进展和生活非常关心。说实话,从心理学"转型"到哲学,并从事心理学与哲学的交叉研究工作,对我而言困难重重,张老师不断给我介绍他所认识的哲学和心理学领域的专家让我前去请教学习。如果没有张老师的帮助,无论是当初撰写博士论文的迷茫,还是申请国家社科基金和博士后基金时的手足无措,或是刚开始翻译这本书时的寸步难行,对我而言都是无法解决的困难。张老师无条件地支持我做有助于我发展的事情,如果不是在他的支持下,让宁波大学的众多师弟师妹们加入到这本书的翻译校对工作中来,这本译著也无法顺利付梓。张老师多年来对我的培养和付出,令我终生难忘。

想要融入哲学这个"大圈"其实很困难,更不用说试图融入认知科学哲学这个"小圈"了。我一直很感谢在我还是个哲学"门外汉"的情况下,没有将我拒之门外而是不断启发我、鼓励我、帮助我的朱菁老师、王国豫老师、陈巍老师、蒋柯老师、张学义老师等。尤其是朱老师多次关心我的研究进展,给我指点方向,并指出我在哲学基金申请书撰写中的不足之处,在他的鼓励下,我开始阅读哲学英文原著,旁听哲学读书会以及参加哲学会议。前段时间在朱老师的建议下,我阅读了 Jakob Hohwy 的《The Predictive Mind》一书,并将整本书翻译为中文,未来将出版。我也很感谢平时对我诸多关心的张效初老师、郭秀艳老师、史玉民老师、孔燕老师、周荣庭老师、王高峰老师等,以及平时对我提供了诸多帮助的戴梦杰师弟、汪琛师弟、王懂师弟、柏江竹师弟、孔青青师妹、陈奕均师妹等。

在此,我还要感谢在本书翻译中帮忙检索量子认知文献、校对量子与哲学专业术语、润色初稿以及整理书稿的同学们,他们都是宁波大学张林教授实验室的研究生,具体的分工为:洪新伟(序和前言)、程雨(第1章和第2章)、赵明玉(第3章和第

4章)、陈燕铃(第5章和第6章)、陈玉雪(第7章和第8章)、曹斐臻(第9章和第10章)、郑俊猛(第11章和第12章)、余林伟(第13章和第14章)、沈洁(第15章和第16章)、赵玛(第17章和第18章)、陈忆帆(第19章和第20章)。我的性格较为急躁,有时候过分追求完美,往往是我很快译完初稿后直接发给他们,他们再通篇检查语言、语法以及格式问题;或是我们分工完成翻译,然后我再指出问题请他们修改。在这个过程中,他们接纳了我的诸多挑剔和催促,甚至搁置了本职工作来帮我一起完善这本译著,对此我十分感激。尤其是在编辑校对阶段需要通篇逐字逐句检查和调整参考文献、脚注、正文等格式时,洪新伟师弟主动提出要协助我一起完成这项工作。回想起这些年,在每个阶段当我遇到困难、需要帮助时,宁波大学的师弟、师妹们总是会第一时间向我伸出援手,助我渡过难关。在此,一并感谢郭治斌、甘烨彤、范航、宋明华、谭群、王秀娟、李婉悦等师弟师妹。

考虑到中英文语言风格的不同,在尊重原文基础的同时,译著对个别语言进行了部分修改。同时,针对原文一些缺失的信息,译著予以补全。由于时间、精力以及水平有限,这本译著还存在一些有待改进之处,恳请各位专家学者在阅读过程中就有关问题给予批评指正。有任何问题欢迎随时发送邮件至 liushen@ahau.edu.cn。

刘　燊

2021 年 7 月

于中国科学技术大学